THE SAMSUNG WAY

三星模式

從危機到崛起的矛盾與新經營策略

宋在鎔
李京默

李修瑩 譯

聚焦於三星新經營之後的 20 年，
三星的轉型及躍升

　　一九九〇年代初期，三星集團在南韓國內雖然有許多事業領域已居於首位，但是在全球市場不過是二、三流企業而已。然而，隨著國內外環境的大幅改變，三星也面臨了危機。在一九八〇年代後期，南韓邁向民主化之後，勞資糾紛頻仍，人事成本暴增，使得南韓失去了以低工資為基礎的低成本生產基地魅力。尤其是三星視為主力的電子產業，在一九八〇年代中期以後，由於原本主導全球市場的日本業者，為了避免廣場協議（Plaza Accord）所導致的日圓升值，大舉將生產基地轉移至東南亞及中國大陸，而日本的技術能力及品牌，結合了東南亞及中國的低工資之後，使得三星在全球市場面臨了更為險峻的情勢。此時，電子產業的技術典範將在二十一世紀由類比技術轉為數位技術，也已經是可預見的情況。

　　值此民主化、全球化、數位化的典範轉移之際，三星的李健熙會長為了克服危機並掌握商機，於一九九三年發表了「新經營宣言」，主導了三星的大規模轉型。新經營抱持著遠大的願景，試圖透過將三星所提供的產品及服務提升至世界一流水準之高值化品質，使三星躋身為二十一世紀的全球超一流企業。雖然在類比時代落後於日本企業，但是三星夢想著在未來即將

拉開序幕的數位時代中，藉由大膽地先發制人的投資來搶占先機，並且進一步領先日本電子業者。為了達成「新經營宣言」這個挑戰性目標，如同新經營早期著名的口號「除了妻兒，一切都要變」一般，三星試圖進行大幅度變身。

經過二十年之後，如今三星已經蛻變為全球一流企業，在手機、電視、記憶體半導體等電子產業的主要領域，位居世界第一。在此過程中，三星的策略、經營體系、核心能力等所有經營要素，均朝向達成新經營願景的方向重新調整，提升至世界一流水準。三星的成功，不僅對希冀躍升為世界級企業的南韓業者而言，深具啟發性，也能提供二十年前也像三星一樣站在後進追擊者立場的台灣企業，相當大的啟示。

截至目前為止，雖然與李健熙會長相關的書籍很多，不過大部分都是針對社會大眾口味的一般性書籍。企管學者們針對三星經營的特性、成功關鍵因素、核心能力所做的理論性、專門性的分析書籍，很可惜地並未能得見。少數幾位企管學者所出版的書籍，也因為難以取得三星的第一手資料，或是親自訪談，只能以新聞報導等公開資料為基礎來撰寫，事實上缺乏深層及系統化的分析。因此，企業人士對於三星經營無法徹底了解及作為借鏡，即使想要活用在公司的經營革新上，也找不到確實足供參考的書籍。站在教導及研讀企業管理學的學生們的立場而言，想要好好地了解三星這個企業，進行教學、討論、研究等等，也都有其困難。

在這種情形之下，本書作者們於二〇〇四年在三星經濟研究所的委託之下，有幸得以針對三星競爭力根源及未來課題進行深度研究。在三星經濟研究所的協助之下，本研究在執行過程中，遂能以三星電子為主軸，深入訪談三星的主要經營團隊。此外，在研究過程中，也可以檢視三星經濟研究所蒐集的

三星內部資訊。然後，作者們於二〇〇八年至二〇一一年間，擔任三星的諮詢顧問，因而有機會接觸到三星相關的各種情報。二〇一一年，作者們以這些研究成果為基礎，在全球最頂尖的企管專業雜誌《哈佛商業評論》（Harvard Business Review；HBR），發表了分析三星成功因素的論文。此篇文章是《哈佛商業評論》首次刊登的韓國企業案例。如此，本書作者們從二〇〇四年，經過將近十年的時間，一路從接受委託執行研究計畫、擔任諮詢顧問及參與教育訓練，以及撰寫三星相關論文及案例等，擴大了對於三星的理解程度，也持續針對三星的成功要素進行研究分析。

本書聚焦於三星新經營之後的二十年間，三星的轉型及躍升，是作者們花費了將近十年的準備，投注了心血的研究成果，內容集中分析三星集團的各個關係企業中，躋身為全球一流水準的三星電子、三星顯示器等電子領域關係企業。本書與企管學理論接軌，舉出了三星經營的三大矛盾，並且針對善加解決這些矛盾，進一步昇華為競爭力根源，使之發展為由「三星模式」所建構出的三星經營體系及三大核心能力，進行了深入分析。

因此，本書對於想要借鏡三星來提升競爭力的全球企業的員工們而言，特別有用。不止是先進國的企業，尤其是像台灣或是中國企業這種想要追擊先進企業的開發中國家業者，三星的案例中，預估將有許多值得學習之處。此外，三星的矛盾經營策略及體系，相信對於企管學者或學生們，也將有莫大助益。

本書也有助於三星的國內外員工們去了解及重新評價在新經營革新以後，三星的轉型過程，以及透過轉型所產生的核心能力及三星的主要經營體制。作者們於書中所提出的分析及見解，可能不是明確的答案，也可能有別於三星員工們的看法。

不過，由於是基於外部專家的角度，應該能對三星員工們有所助益。對於三星員工而言，希望本書成為其在苦惱及討論三星未來戰略及經營體系如何更上層樓，以及躋身全球超一流企業時的小小基礎。

本書雖然是透過三星員工們的訪談及資料提供下而完成，不過書中的內容均為作者們的獨立判斷及分析結果，因此，書中所有內容均與三星正式的立場無關，僅為作者們的個人觀點。

對於過去十年間，在工作繁忙之中撥冗協助受訪，大約八十餘名三星主要核心主管及幹部，也要在此真心致上謝忱。欣然受訪的人員中包括三星的指標性經理人李在鎔副會長、崔志成副會長（現任三星集團未來戰略室室長、前任三星電子CEO）、權五鉉副會長（現任三星電子CEO）、尹鍾龍前任副會長（前任三星電子CEO）、李潤雨前任副會長（前任三星電子CEO），以及擔任主要事業部高階主管的尹富根社長（現任消費性電子〔CE〕事業部社長）、申宗均社長（現任IT及行動通訊部門社長）、禹南星社長（現任系統LSI事業部社長）、崔治勳社長（三星物產建設事業部社長），同時也訪談了在二〇〇〇年代擔任過三星電子主要事業部高階主管的黃昌圭前任社長（時任半導體事業部社長）、李基泰前任副會長（時任手機事業部社長）、李相浣前任社長（前任LCD事業部社長）、陳大濟前任社長等。除了三星電子之外，也拜訪了三星關係企業的最高管理層，包括孫郁前任社長（時任三星人力開發院院長）、李水彰前任社長（時任三星火災社長）、許泰鶴社長（前任三星愛寶樂園社長）等。

此外，本書作者們也拜訪了擔任研發、人事、行銷、經營革新等各個經營功能事業部的主管，包括洪元杓社長（媒體解決方案中心社長）、元麒讚社長（三星信用卡公司社長；前任

三星電子人事組長）、鄭金勇副社長（三星電子人事組組長；前任未來戰略室人事支援組組長）、池完求副社長（三星電子經營革新組組長）、吉英俊副社長（三星綜合技術院 CTO）、鄭恩升（譯音；Jung, Eun-Seung）副社長（三星半導體研究所所長）、金昌容副社長（數位多媒體及通訊〔DMC〕研究所所長）、李善雨副社長（消費性電子〔CE〕事業部戰略行銷組組長）、田溶裏副社長（三星火災）、金炳國前任副社長（時任三星電子全球行銷室室長）、鄭國鉉前任副社長（前任三星電子最高設計長〔CDO〕）、朴學圭副社長（三星電子 IT 和行動裝置〔IM〕事業部 CEO）、鄭權澤專務（三星經濟研究所人事組織室室長）、金財鋆專務（三星經濟研究所技術戰略室室長）、金學善專務（三星顯示器研究所所長）。尤其是本書中選為主要案例而聚焦研究的三星半導體、手機、TV 事業部，以及三星顯示器的社長，還有主要核心管理層，均一一進行專訪，以蒐集各種角度的資訊進行更深入的分析，對於未及於上述名單中列舉的人員，也在此真心表達感謝之意。

本書是過去二十年來鑽研企管學的作者們歷經漫長歲月累積的研究成果。作者們在一九九〇年代初期於美國賓州大學（The University of Pennsylvania）華頓商學院（The Wharton School）攻讀博士課程時相遇，二十餘年以來，身為前後輩學者、同事、論文共同作者，發展出深厚情誼，如此珍貴的因緣這次又結出了另一個果實，更讓人充滿感激之情。在作者們踏上學者路途的過程中，感謝一路以來所有提供寶貴教誨的各界人士。

本書的第一位作者宋在鎔教授藉此向指引其步入經營戰略研究之路的趙東成教授，致上最深的謝忱。此外，謹以此書獻給在這段週末也在寫論文、準備教材、寫書的過程中，欣然忍受著比任何人更大犧牲的夫人金秀美女士。而對於給這樣的老

爸加油打氣，而且還想步上老爸後塵，成為企管學教授的女兒宋侑真，也藉此表達感謝之意。

　　本書的另一位作者李京默教授藉此向碩博士期間提供指導的慎侑根教授等恩師們，以及在教學過程中，給予諸多歡樂及刺激的首爾大學經營學院前後輩教授同事，表達最深刻的謝意。對於十分疼愛作者的已逝雙親，以及視作者如己出的丈人、丈母，也深致謝忱；對於將三名子女們教養得活潑可愛，使其得以專心研究的夫人金修妍女士，以及成為其人生快樂根源的三名子女尚峴、慧秀、慧仁，亦藉此致上謝忱。

——首爾大學經營學院教授宋在鎔‧李京默

PART 2
三星模式——進化版

CHAPTER 3　**三星模式的軸心——**
　　　　　　　　領導風格及管理結構

CHAPTER 4 三星式經營體系之進化

PART 3
三星如何成功？

CHAPTER 7　**三星的成功要素 III：演進式創新能力**

PART 4
三星式矛盾經營及三星模式的未來

CHAPTER 8　**競爭式合作系統及三星式矛盾經營**

PART 1

新經營 20 年及三星模式 （Samsung Way）的誕生

第一部分中，作者將提出分析所謂「三星模式」的三星式經營之必要性，並檢視三星的成長及經營成果。第一章將說明二〇〇〇年以來，三星所呈現的驚人成果，並且定義出嵌入成為三星模式根源的「三大矛盾」。作者認為有必要以三星模式的三大矛盾為中心，深度剖析三星競爭力之根源；第二章將檢視三星成長及轉型的過程，說明三星從創業至今的歷史，並聚焦於分析使其由原本的重視產能擴大，轉變為透過品質提升而變身成為全球一流企業的新經營革新，以及往後二十年間的變化及躍升過程。

為何是三星模式

1. 三星，躍升全球一流企業

1）躋身全球一流企業的三星

　　一般而言，全球一流企業往往只可能誕生在先進國家。二十世紀後半期以來，雖然新興國家因為經濟成長，產生許多「大型企業」，但是仍然無法晉升為全球一流企業。不過，三星卻例外地受到全球經濟學界及輿論界的認可，例如，三星電子在二〇一四年三月份由美國《財星》（Fortune）雜誌所選出的「全球最受尊敬的企業」中，排名上升至第二十一，成為新興國家企業中，唯一進入前五十大的企業，此點即可為佐證。如今，三星的一舉一動都備受全球媒體關注，包括《哈佛商業評論》（HBR）等世界頂級的學術性雜誌，也刊載了分析三星成功秘訣的文章。

　　二〇一三年三星電子的銷售額突破二百二十八兆韓圜，打敗惠普（HP）、西門子（Siemens）、蘋果（Apple）等企業，自二〇一〇年以來，連續四年成為全球電子及IT領域第一大廠商，營業利益也超過三十六兆韓圜，寫下全球製造業最佳營運績效紀錄。過去二十一年來，三星電子的記憶體半導體部門穩居全球冠軍寶座，而電視方面，也連續八年占據世界第一，然後，

在二〇一二年，手機部門也擊退諾基亞（Nokia）而奪魁。

　　三星在海外主要以電子大廠而聞名，不過，除了電子事業之外，事實上，該公司還涉足重化學工業、金融、服務等領域，目前為南韓最大的企業集團。即便在一九八〇年代，三星在南韓國內市場，亦是受到矚目的企業，並在第二代經營者——李健熙會長就任後，呈現出飛躍性的成長。一九八七年李健熙會長到任之際，三星的銷售額不過十兆韓圜，到了二〇一三年，則成長三十五倍，達到三百四十六兆韓圜，市值也由一兆韓圜，提升至三百一十八兆韓圜（以二〇一四年四月為基準計算），增加了三百倍以上。過去二十五年來，三星的出口額成長二十五倍，占南韓整體出口額的比重，也由 13％提高至 28％。二〇一二年三星全球市占率第一的產品，包括記憶體半導體、快閃記憶體、手機用應用處理器（AP）、數位電視、OLED、手機、顯示器、鋰電池、海底鑽油船（Drill ship）等，總計達二十六項。

　　三星在無形資產方面的躍進，也相當令人矚目。以美國專利登錄件數來看，二〇一三年三星電子的登錄件數達 4,678 件，自二〇〇六年以來，便僅次於 IBM，每年均維持全球排名第二。三星的品牌價值，也在二〇〇〇年之後快速竄升，二〇一三年在國際品牌顧問公司 Interbrand 公布的全球最佳品牌中排名第八，打敗了日本企業中向來排名最高的豐田汽車（TOYOTA），也是美國以外的企業排名最佳的公司。三星的設計能力也被評價為達到世界頂尖水準，自從二〇〇四年三星在美國工業設計協會（Industrial Designers Society of America, IDSA）與《商業週刊》（Business Week）所共同舉辦的國際設計優秀獎（Industrial Design Excellence Award, IDEA）中，共有五項產品獲獎，打敗蘋果成為獲獎最多的企業以來，三星幾乎每年都維持最佳獲獎紀

三星集團歷年營收變化（單位：兆韓圜）

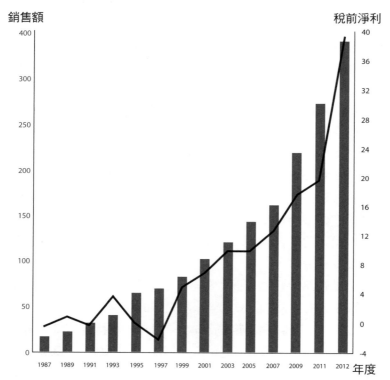

*長條圖：銷售額，折線圖：稅前淨利

Interbrand 公布之三星品牌價值及排名

年度	2000	2002	2004	2006	2008	2010	2011	2012	2013
品牌價值 （億美元）	52	83	126	162	177	195	234	329	396
排名	43	34	21	20	21	19	17	9	8

錄，在二〇一三年也在 IDEA 獲頒九個獎項，成為獲獎最多的業者。

一如前述，三星電子以強大的技術力、品牌力及設計力為基礎，成功推動高階溢價（Premium）產品策略，因而使其從一九九〇年代中期為止，仍然是默默無名地從事委託代工（Original Equipment Manufacturing, OEM），以生產中低階產品為主的業者，搖身一變成為全球市占率領先，在電視、手機、記憶體半導體等方面，都能比主要競爭業者以更高價格來銷售產品，躋身全球一流的企業。

三星的地位改變，也可以從策略合作夥伴看出端倪。三星電子與 IBM、SONY、Microsoft、Intel、HP 等全球領先業者，以共同拓展未來的夥伴關係，締結了策略性合作。雖然過去三星在技術、品牌、行銷能力不足之際，也曾經與全球一流企業簽署過從屬性的合約，但是如今三星卻是與其站在同等立場，甚至是主導的地位來攜手合作。

2）國內外環境之變化以及三星之躍進

曾經唯獨在南韓受到認可的三星，之所以能夠躍升成為國際企業，主要是因為一九九〇年代以後能善加因應全球化、數位化的典範轉移。南韓在一九九〇年代並未具備產生國際企業的良好條件，大部分的南韓企業在技術面落後於先進國家企業，而且由於金融市場並不發達，也難以透過併購（M&A, Mergers and Acquisitions）來試圖擴大規模。由於雇用相關法規的僵化，以及一九八〇年代後期變得強勢的勞工團體，使其產業結構調整更為不易。雖然因為國內市場狹小而高度依賴國外市場，但是由於欠缺國際品牌，大部分均以 OEM 代工方式進軍海外市場，然而，隨著人事成本的持續上揚，南韓也失去了低成本的

勞動密集型生產基地的魅力。

　　就任三星 CEO 的李健熙會長預知到這種不利條件將引發的結果，產生迫切的危機意識。他在一九九三年宣布推動新經營（New Management）革新，以特有的願景領導力為基礎，主導了高強度的企業轉型。李會長主導的新經營革新成為三星成長動能，相較於其他企業，可以在全球環境變化中更快速反應，並且克服了國內外環境的困境，在短期間內躍升成為全球一流企業。

　　三星在一九九〇年代成為國際性企業以來的二十餘年間，企業環境的關鍵詞便是全球化及數位化（或稱知識基盤化）。一九八〇年代末期，隨著東西方冷戰平息，全球市場開始急速地整合為一，在個人電腦、網際網路及手機的普及之下，數位化也迅速展開。一九九〇年代以來指揮三星轉型的李健熙會長，在一九九三年發表新經營宣言時，曾經針對當時的環境特性做了如下描述：

"過去的第一名成為最後一名，過去的最後一名成為第一名的時代來臨了。處於此一競爭結構完全重整的情況下，若是無法快速行動成為一流企業，我們未來也永遠只能自滿於二、三流企業而存活下去。"

　　三星的轉型是透過李健熙會長就任以後的二次創業宣言、半導體事業的躍升、新經營革新等三次契機而展開。尤其是半導體事業的躍升及新經營革新，更是落實二次創業宣言宗旨的重大事件。三星自一九八三年採取大規模投資，啟動記憶體半導體事業以來，這個部門在一九九三年就成為全球第一，由於這個成功經驗所獲得的自信心，讓三星在 TFT LCD、手機、汽

車等事業也採取了攻擊性的投資。一九九三年六月，李健熙會長所主導的新經營革新，試圖將半導體事業成功的DNA擴散至集團所有事業部門。新經營革新是三星為了躋身全球一流企業所經歷的「創造式破壞」之體驗，若說今日三星所擁有的核心能力及經營體系，大部分都是透過新經營革新而形成亦不為過。

雖然三星在一九九〇年代中期所展開的汽車事業，在亞洲金融風暴中觸礁，但是其他大部分的事業，都獲得超乎預期的成功，包含電子、重化學工業、金融、服務產業的大部分關係企業都各自突飛猛進，穩居全國冠軍寶座，半導體、手機、電視、面板、二次電池、高附加價值船舶等部分核心事業的全球市占率，則攀升至世界第一。

在這些過程中，全球市場的整合化成為三星轉型為國際企業的重要契機；同時，此期間日本電子產業陷入「失落的二十年」之長期停滯，也成為三星的大好機會。尤其當SONY等日本電子業者陷入了「成功的陷阱」而專注在既有的類比技術之際，身為挑戰者的三星在事業結構重整過程中，以數位技術為基礎的IT產業決勝負，領先日本企業更為集中投資於數位技術及產品，因而揭開了大逆轉的序曲。

一九九七年底重擊南韓的亞洲金融危機，讓三星遭遇到大規模赤字，還有事業及人力結構調整的試煉，但三星也因此變得更為強大。三星的員工體認到「唯有改變才能存活」的危機意識，因此使得新經營核心理念──「以質為主的經營」快速達成共識。藉由全體員工的危機意識及共識，讓三星得以推動大幅度的結構重整，並且在沒有遭遇太多抗拒的情形下，進一步導入吸引核心人才、破例式誘因、年薪制／績效制、內部競爭制度等等，目前成為三星經營體制後盾的管理系統。

透過新經營革新而提升的營運實績相當令人驚嘆。首先，

以集團層次而言，相較於一九九三年，二〇一二年的銷售額大約成長十九倍，獲利則成長近四十倍。尤其是二〇〇四年其主力企業三星電子成為全球製造業中僅次於豐田汽車，第二個營業利益突破十兆韓圜以上的企業，已然晉升為全球一流企業，而在二〇〇四年以後，三星每年都實現了獲利高於日本五大電子業者總獲利金額的營運實績。

在二〇〇八年下半年由於全球投資銀行雷曼兄弟倒閉所引發的全球金融海嘯中，三星也化危機為轉機再次躍升。雖然陷於全球金融海嘯的漩渦之際，三星經歷了由蘋果公司所主導的智慧型手機旋風，但是三星在李健熙會長的領導之下，成功地克服了危機，反而大幅提升了市占率。三星電子在危機正式形成之前，便將事業部重新區分為零組件部門及終端產品部門，進行大規模的結構重整，以既有的零組件部門的競爭力為基礎，集中於推動電視及智慧型手機等事業。這都是因為在新經營革新之後集中培育的技術力、品牌力、設計力等軟實力，以及搭配全球最高水準的供應鏈管理（Supply Chain Management, SCM）、企業資源規劃（Enterprise Resource Planning, ERP）等先進經營系統才得以落實。當時，三星已經充分活用具有高水準執行速度、效率性、垂直整合、多角化的事業結構，創造出融合性的綜效，而且在內部也備齊了在新經營革新之後所確保及培育的全球最高水準之核心人才。在此過程中，李健熙會長提出了成為二十一世紀經營話題的「三明治論」、「天才經營」、「創造經營」等獨創的革新理論，也成為三星的危機意識及轉型主軸。

2. 三星競爭力的根源──三星模式

　　成功的企業都會具備獨特的經營模式或經營體系。當一個企業活用其特有的經營方式，歷經長時間而取得高度成果之際，研究者為了表達敬意，對於該企業的經營方式及體系，往往稱之為「模式（Way）」，例如奇異電子（GE）的「GE Way」或惠普（HP）的「HP Way」，長久以來都是美國管理學界的主要研究對象。此外，在日本長期不景氣中，營收也持續創新高的豐田汽車，其核心能力、經營方式及體系，也被統稱為「豐田模式（Toyota Way）」，並且一度成為全球矚目的焦點，而由美國密西根大學的傑弗瑞・萊克（Jeffrey K. Liker）教授所著的《豐田模式（The Toyota Way）》，也成為全球暢銷書[1]。

　　管理學者經常將經營方式區分為美國式、日本式、德國式等。傳統上來說，以能力及績效做為考核及敘薪基準，隨時進行事業結構調整者，屬於美國式；採取年功序列制，追求和睦及終生雇用者，屬於日本式；透過與成熟的工會組織進行合作，允許員工參與經營者，屬於德國式。這是依國家別而形成的差異化經營方式，難以斷定何者更為優越，因為這些都各有其悠久的企業史，並且反映出實際的特性。

　　南韓企業向來以導入美式及日式的經營模式為主，一方面是因為美國及日本都是工業革命的後進國家，屬於在短期間內成功產業化的模式，更適合南韓企業，另一方面也是由於地緣政治學及歷史背景因素所致。在重視現場改善及品質管理的一九七〇～一九八〇年代，南韓企業主要模仿日式管理，而在企業流程再造（Business Process Reengineering, BPR）及結構調整成為話題的一九九〇年代，則轉為美式管理。尤其是亞洲金融風暴之後，在世界標準的名號之下，更是大幅採納了重視股東

權益的美式公司治理結構及經營方式。

　　但是，隨著全球的多元化及複雜化，企業也開始改變。如今，並非日本企業就一定採取日式管理，美國企業也不一定堅守美式管理。雖然豐田及日產都是日本汽車產業的代表性企業，但是其經營方式卻是大異其趣；豐田依然採取傳統的日式管理，反之，日產則是選擇西式的結構調整，也就是說，相同國家的企業卻採取完全相反的經營模式。

　　如今，所有想要躋身全球一流企業的廠商，都致力於創造其獨特的優勢及經營方式。隨著全球競爭態勢日益熾烈，贏者通吃的趨勢也日益明顯，知識經濟時代已經快速來臨，在二十一世紀，光靠模仿將難以確保差異化及永續的競爭優勢。因此，李健熙會長於一九九四年透過在德國《法蘭克福日報》的投稿，提出了如下觀點。

"過去我們雖然相信有規格化的典範型經營方式存在，但是現今的企業必須拋棄這種唱老調的思考方式，而應依據實際情況採取自己獨特的經營模式。亦即以「日本式」、「美國式」、「德國式」來區分經營模式已不具任何意義。這意味著未來所有的企業都會具備其獨特經營模式，亦即是對於傳統管理學的一種反叛。"
——《法蘭克福日報》（Frankfurter Allgemeine Zeitung, FAZ）

　　李會長的這番言論，暗示著躋身全球一流企業群的三星，在一九九三年新經營革新之後的走向，以及未來為了確保在全球市場的競爭優勢，必須要達成的目標為何，這正是以競爭對手難以模仿的方式，創造出客戶價值及企業競爭力的三星特有的核心能力、經營方式及體系，也就是建構出「三星模式」。

3. 三星經營管理的三大矛盾策略（paradox）

　　根據二十世紀後半期麥可‧波特（Michael Porter）所提出的競爭策略主流理論，企業只要在差異化、低成本、集中化策略中選擇其一即可。差異化或低成本策略必須擁有不同的資源與組織文化，波特認為如果某個特定企業為了創造出差異化及低成本的多元競爭優勢而同時採取兩種策略，那麼必將陷入任何一方都無法達成的「進退兩難（stuck-in-the-middle）」狀態[2]。

　　但是，隨著二十一世紀初期知識經濟擴散於全球，且整合現象日益深化，既有的產業疆界已化為無形，在全球超競爭時代來臨之際，如同麥可‧波特所主張的光憑單一傳統競爭優勢，已難以成為全球領先企業。也就是說，現今的情勢已經轉變成若要成為全球頂尖企業，必須同時追求彼此互相衝突的多元競爭優勢了。

　　事實上，由於知識經濟時代的來臨，以及全球超競爭情勢，想要成為全球領先企業的一流企業們，正開始爭先恐後地同時採取差異化與低成本、創造式革新與效率性、規模經濟與速度、全球整合與在地化等多元衝突的經營目標，以及具備競爭優勢要素的策略。最具代表性的案子便是豐田和蘋果在全球追求規模經濟，透過建構高效率的供應鏈管理（SCM）或外包（outsourcing）體系來降低成本，同時又以創新為基礎，積極推動高品質的差異化，藉由兼具低成本及差異化這兩大策略而躋身全球一流企業。

　　像這樣必須確保多元競爭優勢的現況，加上部分先進企業的成功案例所衍生的「矛盾經營」，正成為近來管理學的嶄新研究領域[3]。一般而言，具有相衝性質的事物或相互排斥的要素同時存在時，稱為「矛盾（Paradox）」。所謂矛盾經營意謂著

同時追求差異化與低成本、創造性革新與效率性、全球整合與在地化、規模經濟與快速等，乍看之下不可能同時並存的要素之經營模式。

三星在一九九○年代初期，還是默默無名的企業，到了二○一○年代已經躍升為全球一流企業，這是因為一九九三年新經營宣言之後，三星採取了矛盾經營，成功地同時創造出多元競爭優勢所致。例如，相較於競爭對手，三星電子記憶體半導體部門的成本明顯低出許多，但是同時又具有最新、最高水準的產品，而且比競爭對手更早問世，同時還能提供客製化的解決方案，成功的進行差異化。藉此，三星的記憶體半導體部門在一九九三年以後，連續二十年以上穩居世界第一，最近與競爭對手的市占率差距更進一步擴大。

李健熙會長針對新經營以後的矛盾經營之重要性，曾經強調如下：

"全球的優秀企業或長青企業，均具有調和相反要素之「矛盾經營」的強大能力。我提倡新經營，並且強調品質管理，許多人將此解釋為三星未來將放棄規模經營。然而，在企業經營方面，品質與數量、銷售與獲利，均無法放棄任何一方。唯獨偏重其中一方的經營，如同開車時不注意對面車道一般。若是無法調合表面上看似互相衝突的經營要素，將難以躋身為一流企業。"
——《李健熙語錄：仔細想想，看看世界》，一九九七年李健熙著，東亞日報社（韓）

若是深入探究三星在新經營革新之後的二十年間所確立的三星模式，就可以發現其核心具有互相衝突的現象，或是異質

特性並存的情形。本書將此一狀況稱為「三星式經營矛盾」。目前，在三星身上可以發現到的經營矛盾，大致可分為下列三大層次：

──龐大組織與效率經營；

──多角化、垂直整合化與專業化之調和；

──日式管理與美式管理之結合。

　　形成三星模式根源之三大經營矛盾，凌駕於經由研究現今西方企業所發展而成之主流經營學所提出的概念及原則，甚至背離其觀點，這在管理學研究層面，也相當值得矚目。尤其是三星在躍升為全球一流企業的過程中，所展現的卓越績效及競爭對手難以模仿之全球最高水準競爭力，也促使這些矛盾要素得以在內部善加融合，並且同時達成難以兩全的經營目標。因此，針對三星式矛盾經營的理解，將是釐清及掌握三星模式的核心所在。

1）龐大組織與效率經營

　　三星集團包括電子、金融、服務、重化學工業、建設業等多樣化的產業領域，擁有七十九個子公司，從博士級高階人力到一般作業員，共有四十二萬名多元化的員工，為南韓最大的企業集團，區域性的事業範疇也相當廣泛，遍及全球七十一個國家，設立了將近六百個海外據點，從事研發、生產、採購等各項業務。尤其光是主要的關係企業三星電子，二〇一三年營收便排名全球第十三大，以龐大的企業規模傲視全球。

　　一般而言，在決策或執行層面，大型組織的效率往往不如小型組織。組織一旦變大，就不容易快速流通資訊及做出決策，這是導因於部門間的利害衝突增加。亦即，大規模組織必須增

加統治及協調性，容易形成以管理及統治為主的經營模式，而失去了迅速性。尤其是像三星這類多角化程度高的企業集團，其決策結構及管理流程也變得複雜，更難以快速決策及執行，此乃傳統管理學的觀點[4]。

但是，三星卻以比任何先進企業更為快速的決策及執行速度而自豪。舉例來說，三星的主力事業——記憶體半導體從開發、量產到上市所花費的時間，平均比競爭對手快上一至一點五倍，甚至連決定半導體成本的最重要關鍵要素——良率的穩定性，其所需時間也一再刷新業界紀錄。在 TFT-LCD 事業方面，三星導入量產僅三年時間，便攀上世界頂峰；智慧型手機事業也在歷經蘋果震憾（Apple Shock）之後，於四年之內登上全球市占率冠軍寶座，這也是因為三星是全球以安卓（Android）作業系統為基礎的智慧型手機業者中，具備最快速的開發能力所致。

三星所展現的速度，在決策過程中尤其明顯。李健熙會長甚至在不景氣的時期，也果敢地決定對半導體或 LCD 等事業進行大規模投資，而三星也藉此打敗了決策速度緩慢，並且在不景氣時投資變得消極的日本業者。此外，三星的執行長（CEO）也經常與主要經營團隊一起到現場視察，並且在當下作出決策。因此，即使高達數百億、數千億韓圜的大規模投資，往往也可以迅速決定。

對三星而言，「速度」本身就是一種戰略。最近三星推動的高價策略，便是以即時上市（time-to-market）為基礎，主要仰賴新產品的領先開發。同時，三星也透過建構全球最高水準的供應鏈管理（SCM）及企業資源規劃（ERP）系統等 IT 基礎架構的創新，作為其物流及原材料、資訊快速流通的後盾。最近，三星活用卓越的決策及執行速度，成功由過去的「快速追隨者

（fast follower）」轉型成為「市場領導者（market leader）」。像三星這般龐大的組織，也可以將速度活用為強大的武器，這正是三星式經營所具備的卓越優勢。

2）多角化與專業化之調和

三星集團自創立以來持續推動多角化，目前其事業領域非常廣泛，包括時裝、半導體、大型廠房（plant）、金融、主題樂園等，其事業光譜（spectrum）遍及輕工業與重工業、製造業與服務業。

截至一九八〇年代為止，追求非關聯型多角化的複合型企業集團（conglomerate）仍然是先進國家常見的企業型態。不過，到了一九八〇年代以後，由於複合型企業集團的資源分配及經營管理缺乏效率，導致其開始在與專注於特定事業領域的專業型企業之競爭中敗陣，尤其在資本市場發達的先進國家，進入一九九〇年代以後，複合型企業集團更是快速弱化，甚至走向解體之路。

事實上，許多學術研究也顯示，相對於專業型企業或是關聯型多角化企業，追求非關聯型多角化的複合型企業集團的績效較為落後[5]。因此一般而言，美國股市對於複合型企業集團都有所謂的「多元化企業折讓」（conglomerate discount）。因此，在一九九〇年代以後，先進企業多半會集中資源於自身最擅長的事業或活動，對於非核心事業或低附加價值活動，則採取策略結盟或外包、出售、清算的形式來進行整理。這個過程使得將零組件、材料、終端產品全都在企業內部生產的垂直整合化（vertical integration）比例下滑。

不過，三星卻抵抗著此一大趨勢，而且還持續創造出高績效。三星自創立以來即相當重視「第一主義」，截至一九八〇

年代為止，在各種新投入的事業領域，都維持著南韓國內市場第一的地位。一九九〇年代以後，追求第一的三星開始在全球市場蔓延。如今，三星在多數的主要 IT 及電子、造船事業及產品領域，都穩居全球第一、二名的寶座。三星傳統的競爭力來源，便是透過大規模的投資，形成規模經濟，使其製造競爭力攀升至世界最高水準。然而，三星最近在創新的技術力、品牌力、設計力等軟實力方面，也提升至全球頂尖水準，使得其主要事業領域的專業競爭力更為強化，這是特別值得一提之處。此外，在多角化及垂直整合化的體系下，經常會因為欠缺策略性焦點，導致官僚主義式的低效率性，以及過度依賴子公司而降低水準等情形，但是三星卻能加以克服，反而充分活用此體系的優點，透過有機的分工合作，創造出融合式綜效，使其全球競爭力更為強化，此點亦相當值得關注。

乍看之下，三星具有在全球市場最高競爭力的第一、二名事業這點，與奇異電子也很類似，但是兩者不同之處，在於三星並非藉由購併，而是透過內部培育而成，這不僅意謂著三星已將成功的 DNA 加以內化，而且還能快速滲透至新進入的事業領域。

目前，三星在多樣化的產品群中，與全球超一流的企業形成全方位的競爭戰線。在智慧型手機領域包括蘋果（Apple）、諾基亞（Nokia）、摩托羅拉（Moto）、惠普（HP）、英特爾（Intel）、美光（Micron）、索尼（SONY）、戴爾（Dell）等大廠。令人驚訝的是，這些競爭對手大部分都是在特定領域的專業廠商。而三星雖然是多角化且垂直整合化的企業，卻能在各個事業及產品領域，與全球專業化的企業競爭，並且反而確保著卓越的競爭力，這也是三星模式的內在矛盾相當重要的層面。

3）日式管理與美式管理之結合

三星是兼具著日式管理與美式管理優點的企業，這是學習能力卓越的三星長期以來標竿美日企業的成果。過去，三星借鏡豐田的日式管理及奇異的美式管理，而且幾乎達到相同水準。連在三星內部採取最為美式管理的三星電子半導體部門，每年也派遣了數百名人力到豐田去，學習豐田的長處。

一般而言，日式管理主要強調市占率、非關聯性多角化、垂直整合化、製造競爭力及營運效率性，並且具有以內部及年功序列制為主的升遷及薪酬，員工與股東結為一體的企業運作等特徵[6]。相反地，美式管理則是更為強調利潤及獲利，依據選擇與集中原則，專注於相關產業領域，並且隨時進行事業及產品結構重整，再加上將製造外包或移轉至海外的趨勢日益明顯，因而其核心競爭力的來源，已經轉向技術創新、品牌行銷力、設計人力等軟實力領域。此外，相較於日本企業，美式企業一般都是採取集權型態的組織運作模式，重視具有差異化能力的核心人才，而非員工的忠誠度，因此相較於內部培育人才，更仰賴外部的招聘市場。所以，有許多短期雇用，採取徹底的依能力評估升遷，員工大多在特定領域具有專業能力。

三星的關鍵特色，包括垂直及水平整合體系，重視製造競爭力、產品品質及經營效率，並且透過公開招募員工方式，確保及訓練出水準一致的優秀人才，以及嚴格的組織紀律，強調員工的高忠誠度等等，這都是導入日式管理的結果。雖然在遭遇亞洲金融危機之際，大抵拋棄了過去固守的年功序列制及終生雇用制，但是在生產現場等經營層面，高效率的日式管理仍然扮演著重要角色。

同時，在三星內部也有許多美式管理要素。例如總公司的策略及人事決策即是如此。以選擇與集中為原則的經常性結構

調整、引進核心人才、以能力與績效為準的破例性誘因，還有年薪制、承擔風險（risk taking）的執行長（CEO）等，均是三星具有的美式管理風格。尤其在一九九〇年代後期的金融危機之下，三星得以成功完成結構調整，便是因為果敢地導入並落實美式管理的關鍵要素所致。

如上所述，基本上日式管理與美式管理具有互相衝突之處。威廉・大內（William Ouchi）、保羅・米格羅姆（Paul Milgrom）、約翰・羅伯茨（John Roberts）等全球管理學及經濟學家們主張，由於在一個組織內同時融入日式管理與美式管理，反而會產生負面效果，所以最好不要做此等嘗試。若是同時維持著牢固的垂直整合體系，又要隨時進行事業結構調整，將是十分困難的事，因為經常性的結構重整，將會遺漏了價值鏈（value chain）上的部分事業；尤其是經常進行結構調整，事實上非常難以維持員工的主動參與，以及對組織的高忠誠度。

但是，目前三星卻成功的完成此事，並且進一步實現美式管理與日式管理的所有優點，還成功地與韓國式、儒教文化及三星傳統的價值文化加以融合，重新組合成三星特有的經營體系，而且持續創造出卓越的營運實績。

4. 本書結構

一般而言，若是同時具備這種矛盾特性的企業，往往會產生衝突或混亂而導致競爭力下滑。那麼，三星如何能夠將這種矛盾經營昇華成為強化競爭力的要素呢？本書將以三星如何成功克服經營方面的主要矛盾，而發展成為國際企業的過程，以及在過程中所產生的三星式經營的核心能力及經營體系為主，

進行詳盡的分析。

本書以一九九三年李健熙會長主導的新經營革新為契機，聚焦於過去二十年間三星的快速轉型（radical transformation）及躍升，尤其將集中於分析三星電子如何能夠克服南韓這種新興國家的不利企業環境，以及一九九〇年代後期的亞洲金融風暴，而在二十一世紀躋身全球一流企業。本書透過訪談、資料調查等多角度的深層研究分析，將試圖回答下列研究課題（research question）。

——三星在新經營革新之後所達成的戲劇化轉變，經歷了何種變化過程？成功轉型的主要理由為何？

——在三星大幅成長的過程中，李健熙會長的領導力扮演著何種角色？

——三星式經營的本質為何？亦即，三星的經營策略、人才經營、經營管理、價值及文化等經營體系的主要構成要素（configuration），在新經營之後如何改變？各個要素間的內部契合性（internal fit）如何？

——三星在轉型過程中所確保的核心能力為何？該核心能力如何確保？如何成為可持續的競爭優勢（sustainable competitive advantage）之根源？

——三星如何克服上述的三大經營矛盾？這些矛盾沒有變為造成衝突及阻礙競爭力的重要因素，反而透過彼此調和變為強化競爭力的要素而加以運作嗎？亦即，成為三星全球競爭力根源的三星式矛盾經營的本質為何？

——為了從全球一流企業持續發展成為全球超一流企業，三星模式應該以何種型態加以進化？亦即，三星模式的永續性及主要課題為何？

——三星模式值得南韓及國外企業學習之處為何？

　　為了掌握三星在新經營之後的快速轉型及躍升，必須先了解三星在新經營之前的情況，因此本書將針對新經營之前的一九八〇年代及一九九〇年代初期的三星經營體系進行研究，尤其將針對可稱作新經營革新原型的記憶體半導體的成功案例加以詳細研究。

　　本書共分為四大部分、九大章節，茲簡單介紹各章節的主要內容如下：第一部分的第二章是以新經營革新為中心，描述三星的成長發展史，率先分析三星首度成為全球第一的事業，以及新經營革新原型的記憶體半導體事業的成功歷程，並聚焦於分析三星由重視數量的成長，演變為專注品質提升的過程中，提供最重要動能的新經營革新策略。

　　第二部分將針對三星模式的主要構成要素，包括領導風格、公司治理結構、經營體系等進行深度分析。首先在第三章將聚焦於領導風格及公司治理結構，專注於分析主導三星轉型及躍升的李健熙會長的領導風格及洞察力。在三星躍升的過程中，目前稱為未來戰略室的集團總部組織，以及具有能力的專業經理人之角色，亦影響甚鉅，因此，本書也將分析在三星的管理結構下，如何進行家族企業主與專業經理人的角色分工及調合。

　　接下來在第四章中，將深入分析與領導風格、公司治理結構共同構成三星經營體系的要素，包括經營策略、人才經營、經營管理、價值與文化等面向，在新經營之後如何轉變，如今又呈現何種主要特徵；並且分析在新經營革新之後，三星式經營的構成要素間，其內部契合性朝著何種方向進展，而促成競爭力的提升。

　　第三部分將以目前經營策略中最重要的理論架構，即動態

能力理論（dynamic capabilities）及資源基礎理論（resource-based view of the firm）為主，推導出在新經營之後躋身為全球一流企業的過程所累積的三星特有之動態核心能力，並進行集中分析。本書選出三星展現差異化競爭優勢根源之三大動態核心能力，包括速度創造能力（第五章）、融合式綜效創造能力（第六章）、演進式創新能力（第七章）等，並在各章節中分析各個核心能力如何具體地創造出經營體系，成為這種動態核心能力基礎的主要組織文化、架構及機制為何？而且將透過各種案例來說明這種動態核心能力如何成為三星的競爭優勢，並與理論分析接軌。

第四部分將分析三星解決三大經營矛盾的方法，以及三星模式未來持續可能性。第八章將綜整三星模式的的主要特徵及體系，提供國內外想要借鏡三星模式的企業有用的教訓及啟示。尤其將針對三星實現動態競爭能力的過程中，透過特殊的競合方式所帶來的緊張與協調而形成三星式的「內部競合（internal co-opetition）」體制進行詳盡分析。此外，也將集中分析三星如何藉此解決三大經營矛盾，並加以昇華成為值得在全球引以為傲的三星矛盾經營策略。

最後，本書在第九章將透過分析三星模式的內部及外部契合性，檢討其未來持續可能性，且將分析三星模式所面臨之主要挑戰及課題，並提出建議以作為結論。亦即，作者將提出三星為了更進一步躋身超一流企業，三星模式，尤其是三星式矛盾經營策略應該以何種型態加以進化的意見。此外，本書結尾也將提出三星模式值得台灣企業等國外廠商學習之處。

基於本書的主要內容所提出的三星模式體系圖如第 36 頁所示。本書將以此三星模式體系圖為主軸所進行的深度分析內容作為撰述方法。

三星模式體系及本書結構

實現競爭式合作體系及三星式矛盾（paradox）經營

第八章	三星矛盾經營之本質	・規模＋效率：龐大組織與效率經營 ・多角化＋專門化：具備水平／垂直多角化及專門性 ・美式管理＋日式管理：實現美式管理與日式管理之優勢		
第五～七章	核心能力／成功要素	決策／執行效率	融合式綜效	演進式革新

第四章	經營體系	人才經營	策略／結構

人才經營
・重視核心人才
・引進外部人才
・活用全球人才
・績效導向之報酬與升遷

策略／結構
・重視品質／強調軟實力
・市場先驅者導向
・事業結構高值化

・家族企業主之願景／洞察領導力
・專業經理人的策略家角色

第三章	領導力及公司治理結構	經營管理	價值與文化

經營管理
・微觀管理及宏觀管理並行
・數據管理
・以客戶為中心之流程
・全公司整合之資訊系統

價值與文化
・世界第一主義
・追求效益
・人才第一

第二章	全球躍升動力

新經營革新

半導體事業全球躍升

二次創業

三星 DNA 之變化

・挑戰性願景
・重視品質
・重視技術／品牌／設計
・搶占先機
・重視核心人才
・危機意識

三星如何成為一流企業？

　　三星從小規模貿易業出發，直至今日，已經躋身為全球一流企業。二十世紀後半，南韓的經濟飛速成長而被譽為「漢江奇蹟」，三星位居龍頭領導地位，對南韓經濟成長的貢獻之大，是無可否認的事實。本章將探討過去七十多年來，成功地因應環境變化，穩居南韓國內一流企業地位，如今躍升全球超一流企業的三星之成長與轉型過程。第一節將先簡單地探討三星的歷史與現況，第二節則集中於分析成為三星新經營革新之原型（prototype）的半導體事業成功史，以及成為三星躍進全球企業之最重要契機的新經營革新。

1. 挑戰與創造的成長歷程

　　一九三八年，三星由南韓大邱的小商號發跡，克服了無數的挑戰，達到了今日的光景。三星的成長歷程大致可分成四個階段，創業及經營體制建構期（一九三八年～一九五〇年代中期）、邁向大企業之成長期（一九五〇年代中期～一九六〇年代後期）、南韓國內頂尖企業之地位強化期（一九六〇年年代後期～一九八〇年代後期）、躋身全球企業行列期（一九八〇

年代後期～迄今）。

1）創業及經營體制之建構（一九三八年～一九五○年代中期）

　　三星創立於一九三八年，起初主要以流通、貿易業為主，一九五○年代前半期擴展至製造業，奠定了其近代企業之基礎。此時期最大的遺產，並且至今仍對三星經營具有重大影響的，是三星的經營理念。三星創辦人李秉喆會長歷經了無數的挑戰與磨鍊，確立了「事業報國」、「人才第一」、「合理追求」之經營理念。

　　「事業報國」意味著透過事業來報答國家之含義，以目前遍布全球的三星現況來看，已賦予其嶄新意義；而「人才第一」與「合理追求」則扮演著三星式經營之重要 DNA 角色，其中，「人才第一」象徵人才是最重要的經營資源之意，可見李秉喆會長愛才至極。

三星變遷史

	三星之企業成長階段		三星之主要事件
1938 年～ 1950 年代中期	創業及經營體制之建構	中小 / 中堅企業（創業及重要核心之形成）	擴展至製造業（1953-1954）
1950 年代中期～ 1960 年代後期	成長為大企業	大企業（初階企業集團）	正式開始多角化經營（電子、重化業）實施集團公開招聘（1957）
1960 年代後期～ 1980 年代後期	強化成為南韓頂尖企業之地位	大企業集團（提升事業結構）	啟動半導體事業多角化經營告一段落
1980 年代後期～迄今	躋身全球企業之列	全球化企業集團	新經營革新結構調整提升技術專利、品牌地位全球第一名產品（電子、造船、重化學）

「截至目前為止，我從未親手在支票或傳票上蓋章或親自採購貨品。因為我認為，招攬一個可以蓋章及經商的人，並加以培養，才是我應該做的事。我人生80％的時間都奉獻在募集人才及培訓人才上面。」

——三星創辦人李秉喆

「合理追求」意指不心存僥倖或期待運氣，必須根據合理的分析與方法來經營事業之理念。三星在合理主義的價值之下，重視員工們的專業能力與縝密的經營體系，更甚於經營者的恣意判斷。李秉喆會長即使是自己早已一再重複確認過的事項，仍會在與員工們徹底檢討過後，才會訂定計畫，且在具備嚴密周全的準備後，才會開始執行。

2）成長為大企業（一九五○年代中期～一九六○年代後期）

此時期的三星呼應南韓政府的出口擴大及進口替代政策，逐步成長為大企業。一九五○年代初期，三星成立第一製糖、第一毛織等，踏足製造業領域，並以在此蓄積的資金能力，於一九五八年併購了安國火災，同時進軍金融業。一九六○年代，擴大事業領域到生命保險業、流通業、製紙業等，觸角甚至延伸至媒體事業。

在擴大事業領域的過程當中，三星有感於為了體系化地經營日益複雜的事業，必須具備經營管理系統，因此，引進日本最新經營技術與系統，修正使其適用於南韓的狀況，並加以運用。

此時在建構經營體系層面上，最重要的第一個事件，便是一九五七年實施的公開招聘制度。三星摒棄了傳統的隨意錄用、人情介紹等方式，在南韓國內企業中，率先實施公開招聘制度。引進可確保永續優秀人才之公開招聘制度，不僅成為三星公正

且有系統之人事管理的原型，此種制度化的人事管理更進一步地促進了三星整體經營管理之系統化。

第二個引人注目的事件，則是一九五九年設立專門幕僚組織——秘書室。三星的秘書室一開始雖然只有負責 CEO 所需的日常事務與企劃新興事業功能，但是到了一九六〇年代初期，則擴增了擔任財務與監察等功能，後期又加入了人事功能，成為總公司的轄下組織，扮演著重要的角色。隨著三星事業的多角化，秘書室對外負責的事務擴及新事業領域的進出、傳統事業的大規模投資等相關決策；對內則擔任關係企業間的組織協調與整合、管理人才的發掘、企業文化的傳播，以及經營方針的設計等重要角色。而秘書室因應內外部環境變化，後來也逐漸演進成為結構調整本部、戰略企劃室、未來戰略室等單位。

3）強化成為南韓頂尖企業之地位
（一九六〇年代後期～一九八〇年代後期）

三星集團自一九六九年創辦三星電子開始，至一九七〇年初期，集中設立了相關電子產業，並於一九七三年南韓政府發表重化學工業培育政策後，接連進軍石油化學、重工業、建設、造船業等事業領域，跨足飯店與廣告業同樣也是在此一時期。一九八〇年代，則以半導體為首，正式進入航空、電腦、通訊等尖端產業。此時期完成了電子產業部門的垂直整合，半導體部門轉虧為盈，奠定了成為未來全球一流企業的良好基礎。除了證券與幾個金融體系的企業外，領導今日三星集團的主力事業們，大部分都發跡於此時期。此外，培訓三星集團員工的人力資源開發院、經濟研究所、綜合技術院等單位，亦設立於此時期。隨著事業開發規模日益擴大，問題也接踵而來。僅以當時最高經營者與秘書室為中心的經營體系，無法貫徹執行集團

整體要求之決策。因此，為了強化集團經營體制，採取了提升管理能力、引進事業部制度等措施。

　　三星式經營體系的重要構成要素之一，就是管理系統。三星的管理嚴謹又縝密，甚至有所謂「管理之三星」的別稱。以財務、經營管理功能為基礎之三星管理部門，執行的事務超越了單純的會計或支援等工作，而囊括了精密的成本分析、事業性評估、策略方向提出等整體性經營方針。構成三星管理系統的另一個主軸，則是人事管理。在企業內所經營的各個部門裡，正確地遵守「公平性」、「知人善任」、「賞罰分明」等人事基本原則。三星此種人事管理特性，在當時組織內形成派系司空見慣的傳統南韓企業文化裡，簡直是匪夷所思。根據此管理特性，三星在傳統的人事部門組織裡，集團層級以秘書室為主，相關企業層級則設立管理部門，扮演人事管理的重要角色。在這個時期，三星導入了事業部制，進行果敢的分權化，並且建立了同時追求集團整體目標的管理系統，形成穩固的組織型態。無法容忍弊端的三星監察系統，在此時期亦更為嚴謹完備。

　　三星自一九七五年開始，在集團內實施事業部制。所謂事業部制，是以各事業部為單位，明確地賦予權限後，再問責於經營成果，相當於一個公司是由幾個小公司匯集而成，而事業部的社長等同於 CEO。三星集團裡的大規模新興事業，很多在法律上都是完全獨立的公司，也就是所謂的子公司。這些子公司的股票並不全然由三星的母公司所擁有，子公司亦獨立在股票市場上市，相較於 GE 等美國企業，或是在公司內部成立事業部以執行其新興事業，或是即便另外成立一個子公司，也屬於由母公司 100% 持股的非上市公司之作法，可說是截然不同。

4）躋身全球企業之列（一九八〇年代後期～迄今）

　　三星成長歷程的第四階段，始於一九八七年三星創始人李秉喆會長辭世，由三子李健熙會長就任三星的 CEO 一職之後，這是三星從南韓國內第一企業成長至全球一流企業的時期，本身又再細分為四個時期。

　　第一時期是自李健熙會長就任的一九八八年開始後的五年期間。在此時期裡，三星設定超一流企業為願景，重新整頓創業理念，宣布第二次創業。在集團事業結構方面，為了事業結構的高值化，推動關係企業之分離獨立、電子相關事業之整合、擴大重化學事業、強化金融與服務事業等等。在適應環境方面，為了因應未來下一個世紀而加速進出海外，培養國際化人才，強化資訊能力等等。此外，展開重視技術的經營模式，記憶體半導體事業也在此時期發展至全球第一。

　　第二個時期是自宣布新經營革新的一九九三年開始，到發生亞洲金融危機的一九九七年為止。李健熙會長透過新經營宣言，倡導集團整體經營方式必須從過往之以數量為中心，轉變為以品質為中心，同時親自上陣指揮新經營革新。透過新經營革新，李會長宣告過去以資產、銷售、市場占有率等量化指標來判斷企業成功與否的時代已逝，主張在整體經營層面上，都必須以品質為中心。李會長不僅狂熱地呼籲，同時推出七四制（譯註：指早上七點上班，下午四點下班，用意在避開上下班高峰，並讓員工有更多時間學習進修）、一站停線（line stop，譯註：指任何員工只要生產流程中發現不合格產品，都可立即關閉組裝生產線）系統等提升品質之重大制度，三星員工們亦視此革新為當下首要任務並全力配合。此時期不僅大刀闊斧地改革為以品質為主的經營方針，在三星的願景、策略、人才經營、經營管理、價值與文化等各方式，均有脫胎換骨般的變革。

此外，三星也正式邁向全球化，引進海外營運總部制、建置海外生產複合園區等，致力於提升其品牌認知度，這些努力的結果，讓三星得以變身為生產多項世界一流產品的企業。

第三個時期是一九九八年後的五年期間。三星以新經營革新來預先防範未來的新危機，並且以亞洲金融危機為契機，進行大規模結構調整，宣布符合新競爭典範的數位化經營，實施強調績效主義的薪酬制度等等，斷然地進行大幅的經營體系革新。在此時期，三星同時也正式地進入新興市場，追求海外事業穩健化，並強化了全球經營體制。經過一番努力，三星得以躍升為數位產業的強者，其全球地位亦因而水漲船高。

第四個時期是自二○○三年迄今。新經營革新的徹底執行獲得了巨大成效，李健熙會長再次提出新的願景，主導了第二次變革。為了成為超一流企業，三星集中投資於行銷、設計、品牌、研發、軟體開發等，強化其軟實力。二○○六年後，三星透過技術的整合，追求開創新市場的創造經營，推出混合式記憶體（fusion memory）、波爾多液晶電視（Bordeaux TV）、LED 液晶電視（LED TV）等產品，並涉足製藥、生技、醫療器材領域，發掘新成長動力。此外，為了成功實現上述目標，三星也致力於轉型為具有彈性、開放又有創意的組織。

2. 李健熙會長主導三星變身

1）第二次創業宣言及轉型所作之努力

一九八八年三月，李健熙會長就職三個月後，適逢三星集團成立五十周年，他宣布了二次創業，提出「二十一世紀全球超一流企業」為三星的新願景。

提出「全球超一流企業」之願景

李會長的新願景，是不滿足於南韓國內第一企業的現況，而要成為具備國際競爭力，受人尊敬的全球超一流企業。此為李會長在身為副會長時期即已開始構思的理念，若無法成為全球超一流企業，終將面臨淘汰的危機意識時刻縈繞在他心中。雖然當時大部分人心裡都懷有「全球超一流企業」的概念，但李會長更積極地致力於將三星員工們的眼界，擴展到未來與全世界。他提出的新願景，是基於將猶如國內井底之蛙的三星推向全球市場，並邁向全球超一流企業的宏觀革新觀點出發，想要使三星擺脫傳統之傾向「準備」的管理型企業，轉型至具備新願景與熱情的戰略型企業。

李會長為了以有別於過去的新價值觀與新思考方式，果敢地改變現有的經營方式，並主張連經營思想乃至經營哲學，都必須重新審視。三星二次創業前以來一直堅守著的「事業報國」、「人才第一」、「合理追求」等三大經營理念，雖然在使三星成長為南韓國內第一企業這方面貢獻卓著，但在成為全球超一流企業方面，可能反而會造成許多誤解。

透過事業來報效國家的「事業報國」概念帶有民族主義傾向，並不適合一流人才活躍的全球型企業；而「人才第一」以往在三星裡曾有只有聰明的人才會成功的誤解；在激烈競爭狀況下的「合理追求」則蘊藏著太過謹慎可能會錯失良機的危險。因此，李會長以二次創業的精神「自律經營、尊重人才、重視技術」，取代了傳統的三大理念。在經營現場則使用「搶占先機、認知轉換、事業概念」等嶄新用語及理念，激勵員工們一起改變。

三星的經營理念與三星人精神

經營理念	三星人精神
奠基於人才與技術，創造出頂尖的產品與服務，對人類社會做出貢獻	1. 與客戶同在 2. 向世界挑戰 3. 創造出未來

　　此外，以二次創業為契機，三星在經營多角化、專業化的趨勢下，企業文化也產生了相當大的變化；三星亟欲將過去優良卓越的組織文化轉型為強調自律性、年輕有活力的企業文化。因此，大幅更換高階經營團隊，將原本集中於集團會長與秘書室的權力授權給各子公司的 CEO，以「好的商品應來自員工與供應商」之信念，保障員工的人格與自律性，大幅改善員工們的待遇；同時調整員工的工作環境與福利體制，視合資企業為三星集團的一份子。

　　宣布二次創業屆滿第五年的一九九三年三月，李會長透過新的經營理念與精神來展現其上述之努力。他認為創業已五十五周年的三星，須因應變動中的時代環境，故提出新理念與精神，內容如上表所示。

新經營革新前之準備

　　在實踐二次創業的過程當中，儘管三星為了引進新的經營方式而致力於多角化經營，但自一九八〇年代中期起已略見僵化現象的三星組織與系統似乎仍難以擺脫過去的窠臼慣性。李會長雖一再強調「世紀末變化來臨，非一流企業無法生存，墨守成規終將滅亡」，然而當時三星的文化由利己主義與權威主義、他律性與標準化主義等所支配，並不是那麼容易被撼動。

當時的三星深陷於重視外在更甚於實質的泥淖，對子公司的關心只集中於比往年生產更多的產品，以及提升更高的銷售額，各部門汲汲於達成眼前的業績目標，完成忽略相關的附加價值、綜效、長期生存策略等品質要因。李會長強調品質為先的主張，並未在企業內部徹底執行。結果，李健熙會長於一九九一年十一月，在紐約召開會議時斥責三星主管們無法擺脫重視數量的經營，認為他們「說是強調技術，但卻毫無效率，只是貿然的增加研發人數與研發預算，開發課題過於散漫無章，偏重於外觀與展示性的技術」。然而，這些責罵只能收一時之效，無法引領其持續改變。

有別於宣布以全球超一流企業作為三星願景的李健熙會長，三星員工們只滿足於國內市場第一，而創造自律性的組織文化只不過是李會長設定的目標之一，傳統的中央集權式組織經營方式仍持續維持，秘書室對子公司的干涉依舊如故，在事業現場無法形成分權化的決策與自律性的組織文化。過去備受肯定及讚譽的三星管理系統，反而成為綑綁三星腳踝、令其裹足不前的因素。

李會長透過每年發表的新年致詞，對員工傳達自己的經營哲學與抱負，但反應卻不如預期。一九九二年年底，他對身邊親近人士抱怨「雖然我透過第一次的就職演說及後來五年來的新年致詞，一再傳達我的真心，但卻沒有人記得」。三星正被強大的頑固惰性所支配著。

儘管最高經營者要求與帶領三星走向成功之路的組織傳統（organizational heritage）訣別，但承襲傳統慣例的組織慣性與員工們墨守成規維持現狀的傾向，阻擋了不連續變革（discontinuous change）的執行。再加上，包含當時子公司社長的大部分經營團隊高層，在三星裡的工作資歷都比四十幾歲的

李健熙來得更久，大多是三星內累積成功經歷的風雲人物，自認為比新任會長更懂得如何經營三星，也是妨礙變革的重要原因之一。

2）成功改革的出發點——半導體事業

以二次創業宣言無法促成三星轉型的經驗為基礎，李健熙會長試圖做出嶄新的革命性改變，其出發點正是半導體事業。李會長將三星以後進業者之姿，投入記憶體半導體事業而攀升為全球第一的經驗，以及透過此過程所發掘的三星式經營之成功關鍵因素作為基礎，提出三星應該改革的經營方針。

在記憶體半導體事業原本毫無經驗與知識的三星，一九八三年以後進業者的角色投入此一事業初期，與先進企業之間具有四年半的技術落差，後來則大幅縮短，甚至到了一九九二年在DRAM領域領先全球，在一九九三年更在整個記憶體半導體市場登上世界冠軍寶座。

在躍升為全球一流企業的過程當中，三星的核心能力與成功經驗成為一九九三年新經營革新的原動力，最終更變成其發展為全球一流企業的重要契機。在此將三星透過在記憶體半導體事業所重新建構的經營體系，以及這個事業成功的經驗整理如下。

透過半導體事業建構之經營體系

在推動半導體事業期間，三星的經營體系歷經了巨大變化。半導體事業屬於需要大規模投資，同時還需要高度技術的設備產業，這是三星過去從未涉足過、本質完全不同的事業，因此，對三星而言，若說半導體事業是從無到有也不為過。有趣的是，正是這一點讓三星從根本上產生了變化。茲將三星進入半導體

三星的 DRAM 開發過程

發展階段
（集積度）

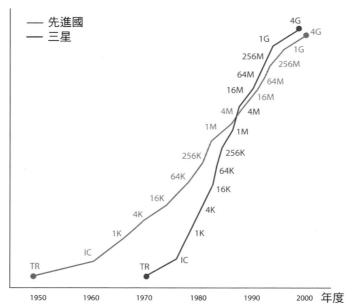

容量	64K	256K	1M	4M	16M	64M	256M	1G	4G
開發年度	1983	1984	1986	1988	1989	1992	1994	1996	2001
技術落差	4.5 年	3 年	2 年	6 個月	同時	領先全球	領先全球	領先全球	領先全球

事業之前所運用的經營方式，以及成功運用在半導體事業的經營方式比較如下：

第一，就領導層面而言，有別於李秉喆會長即使在事業極細微部分仍是親力親為的領導風格，李健熙會長在帶領半導體事業時，主要是提出挑戰性的願景、大膽的投資決策，在組織內部鼓吹危機感，同時主導變革。然而在日常的工作任務方面，則授權給子公司的 CEO，因而形成了家族企業主與專業經營人之間的和諧氛圍。

第二，經營策略亦有重大變化。過去的三星在南韓國內著重於銷售、資產等外在績效，非常重視提升市場占有率，但在全球市場中卻是個以低價競爭為手段的企業。然而，在經營記憶體半導體事業時，三星開始致力於推動搶占先機的市場領導者策略，因為在這個產業裡，若非全球第一，將難以存活下去。

第三，半導體事業成為重新檢視人才的契機。在從事半導體事業時，三星萌生了「培養足以養活十萬人之人才」的想法，除了在內部培育人才，也開始從外部大舉招聘核心人才，而且將過去以年資為主的薪酬管理制度，轉換為以實績與成果為依據的績效與升遷制度，有能力的人才也能擁有打破常規的優厚待遇。

第四，就經營層面而言，依舊保留過去三星的傳統強項，即運用在執行成本優勢策略過程中的精實管理方式，但也大舉導入比競爭者更快速開發新產品並符合上市需求，也就是有助於速度競爭的經營管理方式，亦即本書後續將詳細說明的同步工程、並行開發、領先開發、群聚化等等。

第五，在價值與文化層面上，也產生了許多變化。曾為南韓國內第一之指標性企業的三星，是擁有第一主義、自尊心強的組織。但在記憶體半導體事業領域裡，是除非成為全球第一

否則難以生存的事業，所以必須以世界冠軍為目標，而非韓國第一。半導體事業部的員工們自事業初期即具有強大的危機意識，後來，此常態性危機意識亦成為三星固有的企業文化特色。更高層次的全球競爭、市場與技術的極端變化等等，成為員工們遠離惰性，持續求新求變的契機，同時也形成了垂直性的溝通，讓擁有技術與知識的人才彼此間能自由討論的文化。

半導體事業的核心成功要素

三星在半導體事業的成功要素，可歸納為以下六點：

a. 設定挑戰性願景

半導體事業的眼光，一開始即設定在「全球水準的競爭力」。在進入事業初期，南韓國內半導體事業毫無市場、技術，連競爭者都沒有。因此，一開始即瞄準全球市場且必須做出產品的三星，自然而然地覺悟到其競爭對手只有全球性的大企業，此點也意味著三星半導體事業的目標與經營方式，必然與過去截然不同。

事業初期，要在世界級強者林立的業界裡生存，原本就是個艱難的任務，而半導體事業部一開始即設定了遠大目標，以刺激員工們的挑戰意志。從產品開發、設立生產線、獲利管理、銷售等等，員工們設定了自己難以達成的目標，但也傾注全力以求成功。事業初期 64K DRAM 的挑戰，六個月內的生產工廠竣工，短期內達到良率 90％以上等震驚全球的成果，皆是為了達成此等遠大目標的努力結果，而員工們透過此經驗，也逐漸擁有了自信心。

b. 果敢且迅速的投資決策

半導體事業成功的另一項因素，就是勇於承擔高風險，果

敢且迅速的投資決策。記憶體半導體事業不僅技術革新之速度快，且需要龐大的設備投資，承擔相當大之風險。

過去的三星是個抱持著「石橋也要敲著走」之保守文化的風險規避者（risk averter）。但就時機、速度、搶占先機均缺一不可的半導體事業來說，若想在此產業界生存，就不得不轉變為風險承擔者（risk taker）。在時機與占先極其重要的半導體事業領域裡，即使是天文數字般的投資，都必須果敢且迅速地做出決定才行。從開始進入此事業後，不管再怎麼不景氣，三星都未曾中斷過投資。身為家族企業主的李健熙會長，本著「即使結果有誤，責任由我一人承擔」的態度，參與了重要的決定，因而得以做出迅速又果敢的投資決策。

c. 重視技術

至一九八〇年代為止，三星在製造業領域一直是具備強大競爭力的企業，然而因為進入半導體事業，便從著重生產的企業，轉型為重視技術的企業。三星得以回歸到重視技術的背景，這與重視技術與技術人員的李健熙會長和專業經理人有關。李健熙會長在帶領半導體事業的同時，對產品的技術特性熟知到足以與實務團隊激辯的程度。在選擇半導體的電池（cell）構造與晶圓（wafer）大小時，李會長之所以扮演的決定性角色亦絕非偶然，他平時即一再強調「懂得技術的經營」及「懂得經營的技術」。

李健熙會長擔任會長一職後，就從技術人員中選拔半導體事業的 CEO。李潤雨、陳大濟、黃昌圭、林亨圭等人均為技術人員出身，四十幾歲年紀輕輕即被委以半導體事業部 CEO 一職。選拔四十幾歲的工程師擔任事業部的 CEO，對照傳統的三星文化，實屬破格拔擢。如此，託徹底掌握半導體事業之特性，

且重視技術的家族企業主之福，「重視技術」終於在三星的新傳統裡占有了一席之地。

d. 重視核心人才

　　優秀的人才與技術同為帶動三星半導體事業成功的關鍵。在以技術取勝的半導體事業裡，與其擁有一百名平凡的人才，不如擁有一名天才型的人才來得重要。三星在發展半導體事業的過程當中，迅速體會到此一事實，於是在一九九〇年代後期，三星的人事管理成為非常重要的一環。

　　半導體事業的競爭者並非是南韓國內企業，而是擁有全球最高水準之科學及技術知識人才的全球一流企業。若想使半導體事業躍升至全球一流水準，當然也必須擁有世界一流的人才。確保半導體人才的方式，為三星的人力系統帶來了莫大的變化。三星因必須開發比傳統招聘制度更能確保卓越人才的規則，於是鼓勵三星的招聘人員只要是有人才的地方，無論身在世界何處，都要前往聘請他們進入三星工作。始於半導體事業的重視核心人才、人才的少數菁英化、績效主義等等，克服了三星傳統的內部升遷主義與年資主義，在新經營革新後，迅速地擴散至整個集團。

e. 危機意識

　　三星的半導體事業始於危機，但也可說是止於危機。一九八三年起進入半導體事業時，歷經了初期三至四年間的龐大赤字之自尋死路的危機，此種經驗對三星的組織文化造成莫大影響。儘管最高經營者以超強的意志進入半導體事業，但因半導體事業而使三星集團整體陷入危機狀態卻是始料未及。

　　半導體事業的屬性使得三星員工們陷入無止境的危機感，

由於半導體產業是一個在進入該事業之後，直至創造利潤為止，必須在一定期間內投入天文數字般龐大資金的資本密集型產業，而且投入龐大資金所推動的技術開發與設備投資，最後可能被判定為無法量產，是風險性極高的產業。而產品銷售價格持續下滑，短期間供需惡化的情形亦是司空見慣。即使利潤豐厚，大部分的獲利仍必須再投資下去，藉以開發新一代產品與設備。此外，在全球競爭的夾縫裡，維持技術優勢亦非易事。

在這種狀況下，擁有第一主義及強烈自尊心的三星不得不存有「危機感」，這也變成三星電子內部所有組織的常態性情緒，而且此種情緒在一九九〇年代也隨著三星的新經營革新，擴散至整個三星集團。

f. 速度

在記憶體半導體事業裡，速度非常重要。因為在投資、開發、生產、創新等所有層面中，速度就是競爭力的關鍵。半導體價格下滑速度之快，到達超乎想像的程度，晚幾個月進入市場，就可能血本無歸。因此，為了創造利潤，技術開發與量產系統的建置刻不容緩。三星身為半導體事業的後起之秀，在一九八〇年代採取「快速追隨者」策略，最重視的便是追隨先進開發者的速度。

三星透過領先開發新一代產品，縮短從產品設計開始乃至建置量產系統；這之間時程的同步工程（concurrent engineering），以及生產與研發設施之地域性群聚化等方式，傾注全力於提升速度。在此過程中，速度是三星半導體部門最重要的核心能力。

重視速度的半導體事業對於重視階級的傳統三星文化，亦帶來了不少衝擊。三星因而廢除了不必要的形式與程序，為使效率最大化而加強討論文化，並授權給現場的實務管理者。

半導體事業成功對經營方式產生之變化

投入半導體事業前之經營策略／系統	半導體事業的核心成功要因	投入半導體事業後之經營策略／系統
家族企業主經營	1. 設定挑戰性願景 2. 果敢且迅速的投資決策 3. 重視技術 4. 重視核心人才 5. 危機意識 6. 速度	家族企業主＋專業經理人
規模擴大		市場領先
通用人才 年功序列制 內部升遷		核心人才 成果主義 外部招聘
精實管理		搶占先機

3）新經營革新

新經營革新始於李健熙會長就任後，三星未依計畫轉型而產生危機感，以及半導體事業成敗攸關之際。李會長面臨世紀末即將到來的時代劇變，意識到似乎有必要提出更具體且更明確清晰的三星未來方向。

新經營宣言

a. 新經營前夕：洛杉磯（LA）會議

一九九三年二月，李會長緊急召集三星各分公司社長們抵達美國的洛杉磯，與三星電子相關經營團隊二十三名人員一起參訪洛杉磯的家電產品賣場，要讓大家親自確認三星各種產品在美國市場接受著何等待遇，結果看到三星的電子產品並不受顧客青睞，被放在不起眼的角落，無人問津且佈滿灰塵。

李健熙會長將全球一流電子業者的產品與三星產品並列展示，指示社長們加以觀察並比較其設計與品質。李會長甚至直接比較東芝的卡式錄影機（Video Cassette Recording，VCR）產品與三星產品的內部構造，並顯示給社長們看。三星各分公司社長們親眼目睹兩個產品之間的品質差異，親自確認了在南韓國內被譽為頂尖一流的三星產品，相較於世界一流產品，無論是在設計或是性能等各方面，均大幅落後。

當時在會議裡，李健熙會長對社長們表示：「我們不配用三星這個名字。產品都被堆在角落裡蒙塵，憑什麼使用三星這個名字？尤其是擺在展示架上的三星產品，不是破舊不堪，就是根本就不能用，這是欺騙股東、員工、國民及國家的行為！」變革的決心就此深植。

李會長並指出：「三星在一九八六年時，就是個瀕臨滅亡的公司了。我在十五年前即已感受到了危機，現在並非是否妥善經營的問題，而是處於生死存亡關頭的時刻。我們的產品與先進國家的產品仍存在著極大的差距，我們必須拋棄第二名的想法；如果不能成為世界第一，未來將無法生存。」且要求社長們都要具備危機意識。

b. 法蘭克福新經營宣言

自一九九三年三月的東京會議開始，包含三星集團各分公司社長的四十六名成員，為了提升集團競爭力而展開策略討論會議。此時也與在洛杉磯做過的事情一樣，李會長與社長們仔細地觀察日本家電產品的生產現場與銷售賣場，比較先進企業生產出來的產品，以便為三星產品定位。

一九九三年六月四日，李健熙會長在東京大倉飯店（Hotel Okura, Tokyo）與聘請前來指導三星經營現場的日本顧問們一起

針對三星經營的各問題點，開誠布公地討論並分享意見。透過這次的對話，李會長終於了解了就任以來自己無時無刻隨時強調著的事項，為何無法在經營現場徹底落實的緣由。

後來抵達德國法蘭克福時，李健熙會長看了由總公司三星廣播中心（Samsung Broadcasting Center，SBC）所寄來的錄影帶，再次證實了三星經營現場的落後實情。在拍攝三星電子的洗衣機組合過程之二十多分鐘影片裡，洗衣機組裝生產線的作業員們在組裝洗衣機蓋板開關部分時，只要一不符合規格，作業員們立刻用刀子削下兩公釐後，再次予以組裝。

這個影片成為李會長痛下改革決心的關鍵契機。他對泰然自若地將這種產品賣給消費者的不負責任與不道德態度感到驚愕不已。洗衣機組裝產品線只不過是問題的冰山一角而已。此一弊病並非是致力於減少不良產品，或是提高產品品質就能解決的事，猶如病情已經蔓延至組織內部，還不如挖掉腐爛的患病部位，期待新肉重新再長出來會更好一點。

一九九三年六月七日，李健熙會長在德國法蘭克福對三星集團核心主管及幹部們提出實踐新經營方式的宣言，此即開啟新經營序曲的「法蘭克福宣言」。李健熙會長自六月十三日起至十四日止，依各職別召開四次會議，以一百多名高層經營團隊幹部為對象，進行說明法蘭克福宣言的演說。李會長並以此為起點，花費超過三個月，踏遍法蘭克福、倫敦、大阪、東京等地，進行長達四十八次，總計三百五十多個小時，以一千八百多名職員為對象的演說，熱烈地鼓吹自己的想法，後來整理其演說內容，竟多達八千五百頁。

以法蘭克福宣言為出發點的新經營核心內容，是勇敢地脫離過去三星以數量為主的意識、本質、制度及習慣，轉變為以品質為主的經營方式。李會長認為，集合三星所有成員們的力

量，朝著以品質為主的經營方向努力，三星達成二十一世紀超一流企業之願景指日可待。他再三強調，新經營的出發必須仰賴三星的每一個成員本身，因為如果三星的成員不改變，一切都不會有所改變。

新經營精神之系統化

一九九三年八月初，李健熙會長結束法蘭克福宣言回到南韓之後，便指示秘書室「為了讓全體員工們有感於改革的必要性，並積極朝改革的方向邁進，需要制定淺顯易懂的指導手冊，所以盡快地製作可傳播新經營理念的手冊吧！」為了立即將新經營的價值與哲學傳播給三星全體員工知道，秘書室設置了「新經營實踐事務局」，忠實地說明李會長的新經營哲學，同時透過各種活動與演講等，推廣至所有相關企業。

a. 新經營體系圖

58頁的「新經營體系圖」，有系統地整理了三星新經營將「貢獻一流社會之二十一世紀全球超一流企業」視為願景的行動方案，新經營體系圖一目了然地呈現出新經營所追求的變革歷程。

首先，透過面臨世紀末的危機意義與對以數量取勝的經營習慣的反省，必須了解自己目前的定位，並具備改變意志。但改變即使是「從我做起的改變」，仍必須建立在所謂人性美、道德性、禮儀規範、禮節（etiquette）之三星憲法的堅固基礎上。因為不以三星憲法為基礎的改變，只是暫時的改變，隨時會倒塌的改變而已。

自此之後，全體三星員工們均遵循以品質為主的經營方向，這是將實現國際化、複合化、資訊化之以品質為主的整體經營

新經營體系圖

21 世紀超一流企業

競爭力

複合化

國際化　　　　　　　　　　　　　資訊化

品質為主的經營

同一方向

回歸人性美、道德性、禮儀規範、禮節

從我開始改變

我們的現狀

危機意識　　　　　　　　　反省過去

方向，轉換成實際競爭力之不可或缺的課題，順利地完成此課題時，才能徹底達成所謂「二十一世紀全球超一流企業」之願景，此即新經營之宗旨。

b. 願景：超一流企業

在新經營宣言中，李健熙會長所定義的超一流企業是「以人才與技術為基礎，提供顧客最優質且最具競爭力的產品與服務，並貢獻給人類社會之企業」，更詳細來說，是「每個角落都充滿了熱血及人情味的組織，其中還蘊藏著自律與創意，是個具有活力且富饒的企業」。此外，「面對競爭對手時，是個能展現出威嚴的強大企業，廣受同業尊敬的企業；而面對顧客時，則是充滿魅力，備受顧客喜愛的企業」。他再三強調當三星達成超一流企業的願景時，全體員工們與股東們都能生活得更好，同時也能產生足以貢獻給供應廠商與客戶、地區、國家、人類社會的能力。

c. 以品質為中心的經營

李健熙會長為了使三星成為二十一世紀超一流企業，強調必須轉變為以品質為主的經營方式。李會長認為，帶領著最優秀的人才，採取以數量為主的經營方式，生產出昂貴的產品，這件事對社會而言，本身就是一種罪惡。唯有透過以品質為主的經營，才能提供具備競爭力的產品與服務；他強調，唯有透過品質的提升，才能達到世界一流的目標。

"我在擔任會長一職後，最先提到的事，就是三星必須轉型為以品質為主這件事，因為若再不打破三星五十年來以數量為中心的經營習慣與思考窠臼，未來三星將無法生存。"

"由數量轉型為品質，可說是改變了韓國五千年的歷史，更正確的說法，應該說是改變了三星半世紀的歷史。若沒有比革命更強烈的決心，則難以成功。"

‧ 數量或品質？

以品質為主的經營是李健熙會長在提出新經營宣言時最強調的部分，也是引發爭議最激烈的部分。李健熙會長堅持以品質為主的經營信念，並明確地表達自己的觀點如下：

"我所說的數量與品質，彼此之間的比重，不是「五比五」或「三比七」，而是「零比十」的比重。為了品質，犧牲數量亦無妨；為了不斷地提升產品與服務、人才與經營的品質，若有需要，中斷工廠或生產線的生產亦不足惜。"

然而，在新經營革新初期，三星的經營者們無法正確地理解李健熙會長的意思。在他們的腦海裡，因為生產了部分不良品而停掉整條生產線，實在是匪夷所思之舉，他們認為，從生產線停止時起，公司便開始虧損了。當時的三星在產品品質方面，幾乎無法生產出全球最佳產品，只有微波爐或映像管顯示器等少數幾樣產品的全球市占率居於領先地位。在這種狀況下，若只強調產品品質，在全球市占率的競爭裡，恐將一蹶不振。日本經營者們過去亦以「品質來自數量」的理論，亟欲阻止品質經營的驟變，並以即使產品不良，仍須持續生產線的運轉，才能得知原因，作為其立論的依據。

面臨這種回應，李會長以「重視品質，時間一長，數量自然會增加」的說法回應。他在一九九三年七月十四日的大阪會議中，提出「必須提升品質，減少不良產品；品質優良，效率

自然提升，就能生產更多產品，最終達成有意義的數量。現在我們的經營正好是生產出大量的不良品，產量增加，但市場占有率反而減少，赤字亦逐日攀升」的說法，再三強論在二十一世紀的後期產業社會裡，執著於數量毫無意義。

• 商品品質、人才品質、經營品質

　　李會長所提之品質為主的經營，並非只提升商品品質，而是要透過商品品質、人才品質、經營品質的提升，使顧客滿意，培養並運用從業人員的能力，進而提高經營成效，獲取最大利益的經營方式。這三種品質彼此密切相關，因為提升人才品質，經營品質才會提升，而經營品質提升，商品品質才會提升。李會長針對商品品質，強調如下：

"企業每天在市場上不斷地接受客戶的審判，所以必須重視客戶，以客戶為尊，傾聽客戶聲音，開創最佳產品與服務。"

　　關於人才品質，李會長強調必須成為具備創意、策略、管理的三星。二十一世紀是摒除抄襲與模仿，重視自律與個人風格、創意的時代，三星人必須成為以自律性為基礎來發揮創意的人。此外，他也認為，在瞬息萬變的環境裡，亦必須具備掌握先機的洞察力與化危機為轉機的智慧。因此，他強調必須延攬人才，召募有能之士，以品質來評估人才。

　　關於經營品質方面，在新經營革新裡，他強調各分公司的經營者，必須徹底了解「事業概念」此種各產業成功必備之核心要素之後，再來經營事業（關於事業概念，將於第四章詳加說明）。每個產業的事業概念，無論是在銷售、採購、管理等各方面都不一樣，故經營者們必須找出促使事業更上一層樓的

基本哲學，以及引領事業邁向成功的核心成功要素。

　　此外，因為第一名與第二名差異很大，他強調若想成為第一名，搶占先機與速度經營非常重要。李會長主張，三星必須持續運用技術革新，滿足客戶的多樣化需求，集中火力於邁向國際化，並成為全球第一的企業。

・品質為主之經營課題：國際化、資訊化、複合化

　　在追求以品質取勝的經營過程中，國際化、資訊化及複合化等三大課題自然應運而生。這三大課題被視為足以決定三星能否成為二十一世紀全球超一流企業的關鍵因素。三星願景唯有在搶先取得世紀末變化的核心關鍵，亦即國際化、知識資訊化等趨勢，並增強三星獨特的複合競爭力，才有可能實現。

　　李會長強調國際化的理由，是因為南韓國內市場太小，他判斷三星若不國際化，絕無法成為全球超一流企業。必須在三星集團內部培養在地化的國際人才，積極應用在地的頭腦，開發並實施符合當地特性的策略。在這個過程當中，為了成為受歡迎的在地企業，必須與當地共存共榮。因此，他強調新經營的重點之一，就在於必須使三星人的意識、三星的制度與經營方式全部國際化才行。

　　李會長強調資訊化的理由，是因為二十一世紀是凡事均可不受時間限制，在電腦上就能以光速運行的資訊化時代，三星若想擁有對於成長為超一流企業速度與軟實力至關重要，端賴於資訊化程度。李會長為了實現資訊化，強力要求三星員工們必須熟練電腦操作技能，運用電腦輔助設計（Computer Aided Design,CAD）／電腦輔助製造（Computer-aided manufacturing，CAM）／電腦輔助工程（Computer Aided Engineering,CAE）等功能，積極應用於設計、製造、開發等系統，並且強調應該聘

請兩萬名以上的軟體開發人才，建置可供應所有三星員工一起使用的全球資訊網。

李會長強調複合化的理由，在於可以有效結合彼此具連貫性的基礎架構、設施、機能、技術或軟體所產生之綜效，才是二十一世紀競爭力的核心關鍵。李會長認為，未來擁有自主且迅速的整合能力，本身才具備競爭力，因此，重要的是必須將各種設施與機能聚集在同一場所，使從事相關工作者得以頻繁且迅速碰面。複合化以多媒體商品的開發、流通通路的整合、關係企業的多角化經營等各種型態來實現，而若欲達到最佳的複合化效果，則必須將各種經營機能群聚在同一個區域，因此他強調必須建置將關聯性事業部門予以群聚化的複合式生產園區。

d. 三星憲法宣言

在以新經營宣言引領三星革新的同時，李會長認為最重要且刻不容緩的課題，就是人性美與道德性的恢復。他主張，只有生活品質優良，且具備高品德水準的人，才有辦法創造出好的產品與服務。因此宣布人性美、道德性、禮儀規範、禮節為三星憲法。憲法是全體國民必須遵守的基本法則，是凌駕於所有法律之上的根本大法，因此，若不遵守三星憲法，就不能成為三星的成員，即使業績卓越，也無法獲得良好評價。

三星在全力開創二級產業之製造業時期，人性美、道德性、禮儀規範、禮節對企業競爭力影響不大。所有三星員工們只注意自己所做的事，全然無視身邊周遭的人在做什麼，對創造力與想像力也不怎麼重視。因為對他們而言，只要默默地專心執行自己的業務便已足夠。

然而，當三星期盼能透過品質為主的經營而更進一步強化

軟實力，進入結合二級產業之製造與三級產業之服務的二點五級產業之際，便無法再容忍這種慣性，因為相較於機械的反覆性或精密性，高附加價值的業務必須建立在以人類的彈性及創意發想的基礎上，從業人員不只負責自己的工作，還必須了解整體流程，同僚彼此間也必須持續互助合作才行。在此意義下，三星憲法在發揮組織成員們之最大能力方面，扮演了非常重要的角色。

三星憲法如實地呈現出李健熙會長所希望的改革，是非常基本，同時也是非常長期的執行項目。原本認為新經營只是單純品質改善運動的部分員工，在面臨三星憲法時，才領悟到必須改變自己的想法。那不是以百日或一年為目標的競賽，而是代表必須長期地改變自己的生活方式，若是無法符合三星所想要的價值與目標，任何人都無法在組織內生存。

‧ 經營團隊的世代交替

李健熙會長在二次創業宣言後，看到三星經營方法根本沒有改變，他領悟到，要長久以來僅以數量成長為唯一目標的高階管理層，短期間內接受品質經營並自動同意改變是一件很困難的事。

在法蘭克福宣言後，確認自己再三強調的新經營革新內容之品質經營的後續措施無法徹底執行時，李會長在一九九三年九月初，召集了以當時的三星電子會長姜晉求為首之集團高階管理層，斥責其現狀，並要求他們找出深植品質經營於三星的所有方案。針對此要求，三星高階管理層歷經了數次的對策會議，擬定出以「推動新經營之經營方針」為題的報告書。此報告書囊括了以秘書室體制重組、社長團隊與員工評估指標以品質指標為中心之變革，以及實踐新經營所需之員工教育等三大

部分。

　　李健熙會長在整備總公司的秘書室體制方面，任命當時的秘書室室長李洙彬為三星證券社長，由當時的三星建設社長玄明官改任秘書室室長。他之所以任命非由三星公開招募出身的玄社長作為秘書室室長，就是要打破傳統僅以三星公開招募出身者擔任秘書室長的遴選方式。

　　玄明官秘書室長的任命成為三星經營團隊世代交替的出發點，同時也是傳達了李健熙會長對新經營革新的強烈意志之事件。一九九三年十月二十三日，他將秘書室組織縮編並整合，對追求少數菁英化之秘書室進行改組。他將各組的責任委員從傳統的專務理事級轉移至具國際性思維的理事級，大幅進行世代交替，使其成員年輕化，將擔任重要角色的秘書室重組，安插了許多與李會長擁有相同思維的成員。

　　接著在一九九三年年底，進行年度例行性的人事調動時，為了實踐新經營，展開了大規模的人事改組。此次人事改組措施與過去有很大的差異，且具有特殊意義。第一，有別於以往，相較於管理部門，更加禮遇技術部門經營經驗豐富人士，展現出重視技術的新經營模式；第二，拔擢升遷年輕階層，為組織內部注入新鮮的變化氣氛。此舉是以任命年輕有衝勁的人來實踐新經營，以取代過去執著於以數量為中心的人員；第三，聘用高中畢業者與女性，實踐開放性的人事招聘。

　　總而言之，李會長希望藉由此次的人事調動，將各關係企業的高層經營團隊汰舊換新，更換成可實踐新經營的有識之士，大舉拔擢年輕且思想靈活，又能理解未來經營趨勢的年輕經營者，以其為三星的核心單位（post），擔任傳播新經營革新之傳道士的角色。

・ 新經營哲學之傳播

三星從許多方面著手，致力於使三星員工們能了解李健熙會長的新經營哲學，包括李健熙會長對高層經營團隊的直接教育，實施大規模的教育訓練，將新經營的內容編輯成冊，並製作影片傳送給更多的員工們看，運用集團內部的有線廣播，宣導新經營哲學等。

為了說服最高管理階層，李健熙會長一開始使用的方法是以高階管理層為對象，進行演講來教育他們。但因為三星的根本性改變，並非僅取決於高階管理層，而是在於全體員工的改變，因此以全體員工們為對象，進行了大規模的教育訓練。所有三星員工們在一九九三年底都接受了新經營之基本概念教育，此一教育在早期的密集教育過後，後來制度化，變成了定期的教育訓練。

如同教育訓練一樣扮演重要角色的另一媒介則是手冊。三星從一九九三年到一九九七年間，發行了厚度與外觀均不同的五本新經營相關手冊。從新經營最根本的哲學部分開始，乃至現場的行動指導方針為止，寫得清清楚楚，一目了然。新經營相關手冊發行了約五十萬本左右，而且為了在海外工作的國外員工們，亦翻譯成英文、日文、中文、馬來西亞文等十多種語言。此外，員工們每天早上都要有一小時的「新經營手冊」讀書會，共同閱讀與討論，使整個集團都籠罩在改革的氣氛之下。

為了在公司內部傳播新經營，另外還動員了社內廣播之三星廣播中心（Samsung Broadcasting Center，SBC）。SBC反覆為員工們說明新經營哲學，在傳播實踐事例方面扮演了非常要的角色。

採取休克療法（shock treatment）

　　李健熙會長為了更明確地實踐新經營，採取了各種休克療法。因為僅以經營團隊的世代交替與大規模教育訓練及演講，仍無法使三星所有員工們身體力行地改變自己。因此，他力行休克療法，在新經營初期採取七四制、一站停線（line stop）制、虧損資產之申告暨清算等等。然後在一九九五年，因新經營仍未徹底實踐，又採取了不良產品火化儀式等措施。

a. 七四制

　　一九九三年七月初，李健熙會長與三星為了加速改變的決心，採取促成「已開始的改變成為定局」的休克療法，驟然實施「上午七點上班，下午四點下班」的七四制。在此一制度推出之前，內勤文書職員一天平均工作十到十二個小時，這些時數的工作量，現在必須在八小時內完成，多出來的工作時數可自行運用，可提升自己的生活品質或個人競爭力，又能提高企業競爭力，是個雙贏政策。

　　為了使七四制成功，首要之務是打破過去沒有效率的業務執行習慣。員工們必須集中自己的工作時間，找出重覆業務及沒有效率的業務，並予以廢除。但是在實施初期，很多員工們無法適應此一狀況，下了班仍留下來繼續工作。

　　然而，由於七四制是象徵三星全新改變的制度，必須嚴格執行才行，因此秘書室組織了任務小組（Task Force，TF）嚴格執行，除了特殊狀況外，任何人都不能在下班後待在辦公室裡。

　　七四制可說是三星改革的信號彈，對三星全體員工而言，是實際感受到改變的一種休克療法。七四制的效果並非僅止於讓人重新感受到三星的改變決心而已，員工們因而可以避開上下班的交通尖峰期，節省浪費在路上的時間，可以自發性追求

工作的效率，善用閒暇時間充實自身能力，或是增加與家人相處的時間，提高生活品質。

b. 一站停線（line stop）制

　　李會長認為「不良品就是癌」，為了向不良品宣戰，以集團為對象，全面展開一站停線制。他認為，品質問題在討論技術不足問題之前，首先要追究的其實是思考方式及心態問題，因此，必須擺脫「製造業的生產線啟動時間愈長愈好」的傳統思考模式，任何人只要一發現不良產品，應該無條件關閉生產線，務必要在問題得到改善後，才能重新啟動生產線，這是傳統以數量為中心的經營裡，難以想像的一個措施。

　　一站停線制是象徵著三星無論付出多大的代價，都要嚴禁不良品質的代表性措施，也將品質優先的觀念深植於員工們心中，它並不只適用於製造業事業領域，屬於金融業領域的三星生命、三星火災海上保險，以及服務業領域的三星愛寶樂園（Everland），也將一站停線制改成 Stop Curtain 制，亦即實施當客戶服務不確實時，隨即中止該賣場的營業，等改善後再重新開業的制度。

c. 虧損資產之申告暨清算

　　這是新經營開始後，一九九三年七月初，三星為了確保以品質為主的經營決心而採取的措施之一。李會長提出所有關係企業可申告其虧損資產的期限，針對申告案件，不追究其責任，但對未來發生任何虧損卻隱瞞不報時，將嚴格追究其責任的警告。員工們會隱瞞過去周轉不靈的狀況，主要是因為要維持過去以數量為主的經營，如今必須將銷售不出去而堆積著的庫存、無法回收的債券等隱藏在各部門的所有問題揭發開來。透過這

個措施，三星整頓了許多財務周轉不靈的關係企業，同時掌握了虧損原因，制定了根本性的改善政策，中止了過去的虧損現象，而得以重新出發，也讓整個集團意識到會計透明性的重要性。後來，三星為了事先預防財務虧損現象，整理了過去的虧損案例給員工們參考，使其引以為戒，激發其警覺心。

d. 不良產品火化儀式

三星在一九九五年送給全體員工們的中秋節禮物，就是二千多支無線電話機。但是使用產品的部分職員吐露出「不能通話」的不滿言論，並向會長報告。李會長以非常憤怒的口吻說：「電話機的品質還是這樣，難怪客戶會害怕，付了錢買來的卻是不良產品……」他指示：「把市面上所有產品全數回收，在工廠所有員工們面前一把火燒了它們。」根據會長的指示，回收了十萬支以上已銷售的無線電話機，同時中止了生產線的運作，禁止產品的開發，直到問題解決為止。

一九九五年三月九日，在三星電子龜尾事業部運動場中，聚集了頭上綁著「確保品質」之布條的二千多名員工，他們面前掛著「品質是我的人格和自尊心！」的大布條，表情僵硬的高階管理層坐在布條下方的鐵椅上。運動場正中央擺放堆積如山丘般，包括無線電話機、傳真機、車內電話等約十五萬台產品，市價超過一百五十億韓圓。他命令十餘名員工們以鐵錘將產品敲碎，再把粉碎的碎片丟入火紅的赤焰當中，這就是不良產品的火化儀式。這是他再度於三星所有員工面前，展示其對品質經營的堅定意志之事件。

4）亞洲金融風暴及新經營之落實

危機來臨及新經營之正式實踐

　　新經營宣言後，儘管三星已經有系統地致力於各種有關新經營的實踐措施，但是新經營的本質，即以品質為主之經營，直到一九九七年底的亞洲金融風暴爆發前為止，仍無法根據李健熙會長的想法徹底實踐。原因可歸納為以下數點：

　　第一，在新經營實踐元年之一九九四年，三星因半導體產業景氣繁榮，成為南韓國內企業最早達到以兆韓圓為單位的獲利企業。在剛開始準備實踐新經營的時刻，這個史無前例的獲利反而是個絆腳石。站在三星員工們的立場來看，可能會認為不必實踐使自己痛苦的新經營，一如過往地以數量為中心的經營方式，反而可以獲取高的利益。

　　第二，李會長所預見的危機，對員工們而言，可能不被認為是危機，因此，員工們不覺得有必要改變，其他人儘管在人前同意以品質為主的經營，但卻無法身體力行，內心亦不表認同。

　　第三，在過去以數量為主的經營裡，若要轉變為以品質為主的經營，等同於天翻地覆的大規模變化，組織內部本身仍相當排斥。雖然也有些員工具有品質經營對己身有利的思維，但是也有「新經營不但不賺錢，反而浪費錢」的反彈聲浪出現。雖然新經營強調宏觀管理、員工福利、生活品質、顧客滿意、社會貢獻等，但就企業經營而言，最根本的事情，還是銷售、利潤、效率、生產性、競爭力等等。

　　在這種狀況下，實際危機卻降臨了。一九九五年中期過後，半導體景氣開始下滑，三星的獲利規模大幅縮減。而自一九九四年開始的 TFT-LCD 事業雖然每年投入大筆資金，但卻

受到日本競爭業者們的價格攻勢之壓迫；手機部門投入南韓國內市場，不料與摩托羅拉公司展開激戰。

為了因應這些危機，一九九六年二月，李健熙會長指示製作因應半導體事業部最惡劣狀況下的「危機情境」，因為一九九四年與一九九五年的獲利，原本認為事業正要開始蓬勃發展的半導體部門員工們，耗時兩個多月，提出了包括人員縮編的組織調整方案，執行了徹底的「紙上演練」。在距亞洲金融風暴爆發前一年半的一九九六年四月，李會長在美國聖地牙哥召開電子部門社長級會議，要求各公司透過內實經營，精簡公司組織，改善公司體質。此外，針對景氣好壞起伏非常大的半導體景氣循環，他強調必須因應可能即將到來的不景氣，維持穩固的經營基礎。後來三星為了加速改變，以「正確的變化」為新話題，減少了陶醉於半導體繁榮景氣的意識及經營上的泡沫化，強調固守根本並提高競爭力的企業經營本質。

一九九六年聖地牙哥會議過後，三星員工們展開在三年期間降低成本與經費的30％的「經費三三〇運動」。這個大規模的革新舉動，成為正式組織調整的重要磐石。當時三星已超越了減少經費與成本的水準，開始實施部分的人員縮編與事業改組。經營方面則以利潤為判斷依據，鞏固財務結構，建置以現金流量為中心的經營體制，確保長期且具一定規模的流通性，建置完備的風險管理體制。三星於一九九七年年初，以「堅實經營之年」作為經營方針，更加速上述之努力，高層所有經營行為成為革新的對象，整個組織無時不刻瀰漫著緊張感。

透過結構調整，實踐新經營

一九九七年十一月，南韓政府令人震驚地發表南韓經濟將接受國際貨幣基金組織（IMF, International Monetary Fund）的管

理體制。站在三星立場上來看，此時的亞洲金融風暴雖是危機，但也可以說是實現正式改革的大好轉機。當李健熙會長預見的危機在現實裡逐漸逼近時，新經營革新的努力更具說服力。面臨大財團企業關門，許多勞工失業的危機狀況，成為改變之制約因素的內外部條件，對三星的轉型反而更為有利。

內部方面，光是一九九八年，在整個三星集團便產生了五千億韓圜赤字的情況下，再不改變很可能面臨倒閉的危機意識，以及對品質為主的經營信念逐漸廣泛地擴大，很幸運地，過去未曾徹底實施的新經營政策，終於得以徹底落實。

外部方面，大企業艦隊式的經營模式被認為是經濟危機的原因，大規模的企業集團被施加組織調整的壓力。此外，呼籲中止擴大規模的競爭，要求提高收益性的競爭，以品質為主的經營等社會壓力接踵而來，這正好是過去千方百計仍無法達成的大規模事業重組得以執行的大好機會。

面臨亞洲金融風暴，三星最高經營團隊決定實施「最快速、打破常規、不分區域之組織調整」，建立了使隨之而來的痛苦與副作用最小化之方針。三星因應南韓政府的政策，解散秘書室，設立結構調整部，以「提高經營整體部門30％的競爭力」為目標，提出緊急經營策略。當時大部分的利潤僅來自半導體與金融事業，重工業、綜合化學等都是龐大赤字。更甚者，位於全球的各事業場所到處都堆滿了惡性庫存，不良債券亦堆積如山。

三星決定先整頓包括海外當地集團的所有負債事業，以及低附加價值、非核心事業。結果在一九九七年年底，五十九個關係企業在一年內縮減成四十個，包括三星重工業的建設機械部門、叉車事業等，以事業部門為單位的諸多部門，都在這個時期被大力整頓。

甚至有些獲利事業，在長期觀點下被認定是不需要的事業時，也被果決地賣掉，最具代表性的是李健熙會長以個人財產收購的富川半導體工廠。此工廠當時年收益在一千億韓圜以上，因此內部還傳出「連這個工廠都需要賣掉嗎」的意見。但是三星當時也賣掉了獲利事業，將資金與力量投入於半導體系統 LSI 事業及定製型的特殊應用積體電路（Application-specific integrated circuit，ASIC）等高附加價值事業，欲使其強化為高成長、高利潤之事業結構的契機。

此外，截至二〇〇〇年為止，三星的關係企業也根據南韓政府的建議，致力於將負債比率降低至 200％以下。各分公司透過增資等方式，擴充自己的資本，大規模地賣掉不良資產，透過庫存、債券的減少，改善其資金流動現象，並透過費用結構的調整，推動利潤的最大化。結果在一九九九年年底，三星集團的負債比降到 166％。

人力結構調整亦同時進行。三星以減少總人力的 30％為目標，將非核心業務與事業分開，改革高成本及低效率的結構，結果在一九九七年年底，十六萬三千名的員工數在短短的兩年內裁減為十一萬三千名。茲將此一期間執行的結構調整內容，整理如下頁圖表所示。

三星的結構調整實績

事業結構調整

- 賣掉非主力事業：電子發電裝置 (Fairchild)、國防產業 (Thomson)、建設機械 (Volvo)、叉車 (Clark)、流通產業 (Tesco)、韓國惠普 (HP) 等等
- Big deal：航空事業、發電設備、船舶用引擎
- 裁撤邊際企業：衛星體、PAGER、工作機械、ROLLEI、組裝式浴缸
- 總公司：音響 / 錄放影機製造、服飾賣場暨工廠、總務業務、損失評估業務等共 231 個事業 (15,000 名)
- 自集團中獨立：中央日報、Bokwang、韓一電線、IPC、大韓精密化學、韓德化學、大慶建設等 28 個公司

人力暨財務結構調整

類別		1997 年年底	1998 年年底
總員工數		16.3 萬名	11.3 萬名
改善財務結構	總貸款	47.7 兆韓圜	25.7 兆韓圜
	負債比率	366%	166%
	關係企業互相擔保	2.3 兆韓圜	0
	吸引外資	27.4 億美元	
	資產出售與增資	14 兆韓圜 (資產出售 5.4 兆韓圜，增資 8.6 兆韓圜)	

　　三星雖然很早就提倡了新經營宣言，但是因為社會氛圍與條件尚未準備好而無法徹底落實的結構調整，在此次的大刀闊斧改革下，呈現了化危機為轉機的樣貌。前三星證券會長黃永基針對推動新經營使亞洲金融風暴之重大危機變成轉機這點，說明如下：

"同樣地經歷了 IMF 亞洲金融風暴，但只有三星成功，其秘訣就在新經營。使新經營精神之創意、挑戰、研發、國際化、重視顧客等要素彼此協調運用，經營團隊與核心人才共同努力地學習，轉變成要求品質為主之經營，同時解決了許多問題，對於克服亞洲金融風暴亦具有莫大貢獻。"

　　三星的結構調整並不僅止於緊縮、削減。在電子、金融、貿易、服務等各核心關鍵企業上，更勇於投資。三星一方面停止對非主要企業的投資，另一方面則對具有前景的事業部門集中投資，企圖培育該事業成為全球第一。三星在確立了責任經營與自律經營體制，又改善了經營評估與補償制度以符合全球標準後，接下來就是要提高國際競爭力的時機了。

　　本來三星的所有經營活動都是站在利潤觀點上來評估，非策略性事業時，投資資本是否可早期回收成為最重要的投資標準。李會長主張就社會層面來看，企業赤字是一種犯罪行為，而此種以利潤為中心的風氣，也成為三星克服亞洲金融風暴的原動力。果敢地清算已無力回天的企業，穩固財務結構，行有餘力時，再集中資源於具有前景的事業，這種措施使三星自一九九九年開始又有了盈餘。結果，亞洲金融風暴使三星得以徹底修正事業結構與企業經營方式，並且成為其實踐以品質為主的新經營之大好機會。

3. 三星式變革的三大特徵

一九八七年李健熙會長就任時，就開始致力於將三星由南韓國內第一企業，扶植成為全球超一流企業布局。為了達成所謂全球超一流企業的新願景，不得不改變原本的經營方式，而他變更企業經營的根本方法，共歷經了第二次創業宣言、新經營宣言與推動、克服經濟危機所需的結構調整與制度改革等過程。

第二次創業宣言後，三星的改變過程，與經歷過成功轉型的先進國家企業之轉型過程差異頗大。例如，透過經營方法的根本性改變，企圖提升企業的全球競爭力；在實際危機來臨前，遵循已預見危機的 CEO 之領導而改變；非專業經理人的創業第二代在繼承經營權後圖謀轉型等等，在此詳細說明如下：

第一，三星的新經營革新因為是透過經營方式的根本性改變，企圖提升企業的全球競爭力，需要比其他企業的轉型擁有更多的熱情與時間。而且，此種改變並不只是採取由自己開始改變、七四制等措施，甚至連生活方式，有時連員工內在品德等都被要求改變，是一種根本性的改革運動。此一革新與傳統經營革新型態大為不同之處，在於原本早期三星員工們不願輕易地接納改革，然而，他們一旦接納後，卻發揮了超乎想像的力量。新經營革新後，不但成為三星克服各種難關的原動力，即使歷經二十年後的現在，仍是三星員工們的精神指標。

第二，根據已預見危機的 CEO 的先見之明與洞察力，並遵循其領導。大部分的企業革新是在危機過後才開始實踐，但三星的新經營革新卻是在危機來臨之前，先行因應。事先預見危機之舉，在一九九○年代中後期危機實際來臨時，發揮了強大的功效。危機來臨後的革新大部分是被動進行，而危機來臨前的革新卻是主動進行，成效更佳。一九八○年代初美國奇異電

子實施的「結構調整」即為代表性案例。

　　第三，三星的轉型是從創業第二代繼承經營權後開始。大部分的西歐企業，繼承經營者大多會維持前任經營者的經營方式，即使想革新，也會在其經營權已鞏固的狀態下才進行。然而，三星的李健熙會長在繼承後，並非一味「守成」，而是立即展開新創業，他選擇了第二次創業，且展現了其亟欲減少未來可能發生之危機的意志。此面貌在革新初期原本不被員工們所接納，但持續革新的結果，終於促使員工們真心參與並共同推動。

PART 2

三星模式——進化版

企業具備著人力、組織、基礎建設等各種經營要素，並且自行建構其經營體系來加以運作。若能使此體系內的各項要素緊密連繫並彼此互補，隨著時日的增長，企業在各層面上將會具備更高的效率性，而且，隨著系統逐漸在企業內化，並於組織內累積其效率性，最後將會形成任何人均無法輕易模仿的核心能力。

　　過去，經營學者們為了說明企業的經營方式，提出了各種模式。雷蒙德‧邁爾斯（Raymond E. Miles）及查爾斯‧斯諾（Charles C. Snow）認為，當「建立適合市場環境之策略」的外部契合（external fit）與「要求策略有效執行之結構設計」的內部契合（internal fit）同時實現時，就能成為高績效的企業，將掌握策略與結構視為核心經營要素[1]。勞倫斯‧赫賓尼雅克（Lawrence G. Hrebiniak）與威廉‧喬伊斯（William F. Joyce）則認為，除了策略與結構外，還要再加上激勵系統（Incentive system）。亦即，欲使組織的各部門與成員從事策略與結構所需的行動，就必須設計激勵系統[2]。而更進一步地，杰伊‧加爾布雷思（Jay R. Galbraith）主張，除了策略、結構、激勵外，還必須再加上組織流程與人力[3]。組織為了擁有高績效，必須設計能使各部門更有效率地垂直整合的組織流程，並且聘請具備可執行策略與結構、組織流程等所需業務之能力的人才。

　　以這些模式為基礎，本書作者挑選三星式經營體系的核心要素並加以分類後的結果，認為若想詳細說明三星的經營方式，必須從領導風格與公司治理結構、經營策略、人才經營、經營管理、價值與文化等方面來加以探討。在第三章裡，將先分析建置三星經營體系時，扮演最重要角色的李健熙會長之領導風格，以及執行集團總公司決策之未來戰略室所扮演的角色後，再針對如何使家族經營及專業經營達到均衡加以說明。第四章

則著重於敘述三星的經營策略、人才經營、經營管理、價值與文化在新經營革新後如何轉變，目前又是何等風貌。

　　李健熙會長的就任與新經營革新為三星帶來了脫胎換骨的變化。在李健熙會長就任之前，三星已經是南韓國內的一流企業，關於三星的大小事務，甚至再細微的決策，家族企業主一直採取家長式的領導風格；在經營策略方面，追求非關聯式多角化與垂直體系經營，人才經營方面則採用以年資為中心的報酬管理與升遷制度，確保並培育均質化的優秀人才，以內部人力市場為中心，主要聘請國內人才。此外，在經營管理方面，也傾向根據家族企業主與秘書室所下達的指示，採取與外界整合，大小事鉅細靡遺，力求完美的微觀管理方式；在價值與文化方面，則是強調效率，以南韓國內第一而感到自豪的企業。

　　然而，這種經營方式卻對新任 CEO 所提出的全球超一流企業之願景毫無助益。三星在一九九〇年代推動新經營革新，突破了經濟危機，大刀闊斧地執行對傳統經營方式的改良，創造全新的經營體系，此一演進的主要內容，詳如下頁圖示。

新經營革新後之三星經營要素的進化

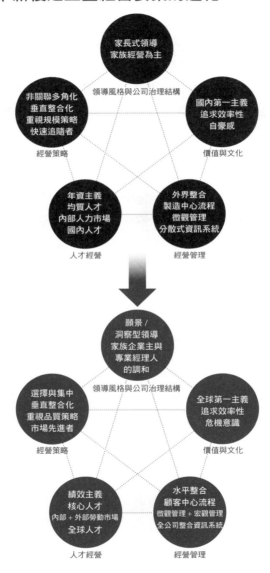

三星模式的軸心 ── 領導風格及管理結構

1. 李健熙會長的領導風格

　　三星成長的首要因素之一，可說是創造三星願景與價值，以及設計獨特經營方式的家族企業主之卓越領導力。《Bloomberg》、《Business Week》、《Fortune》、《Time》等海外媒體一致認為，三星變身為全球一流企業最重要的因素，便是李健熙會長的卓越領導力。前任李秉喆會長建置以管理為中心的經營體系來經營三星，而李健熙會長提出遠大的願景，建置重視人才與技術的經營體系，將三星創造為全球一流企業。全球第一、危機、搶占先機、核心人才、重視技術、軟實力等等，是他最重視的課題。

　　李健熙會長就任以來，以領導者之姿，扮演了各種角色。總括而言，他提出遠大的願景並營造健全的危機意識，制定策略、建置執行方案，激發三星員工們的熱情，使之全力以赴。然後，他又以洞察力為基礎，提出三星更進一步的具體方向。強化軟實力、透過大規模研發投資搶攻技術標準先機、加強設計力與品牌價值、創造經營等。李會長對於具體策略的決策，也會親自下決定，偶爾會如新經營革新的過程中所示，直接進

行演講，親上火線扮演指揮變革的角色。當然也會以集團總指揮的角色，成為熱心推動各子公司整合及合作之軸心人物。

李健熙會長之簡歷

李健熙會長一九四二年出生於南韓慶尚南道宜寧郡，為三星集團創辦人李秉喆會長的第三個兒子。小時候在故鄉由祖母扶養長大，小學時期因韓戰的混亂，至少轉學了五次以上。就讀釜山師範附屬國民小學五年級時，遵循「向先進國家學習」的李秉喆會長之意，踏上日本留學之路，國中一年級歸國，被編入首爾師範大學附屬國民中學就讀。

他後來從首爾師範大學附屬高中、日本早稻田大學商學院畢業，又到美國喬治華盛頓大學企管研究所攻讀 MBA。在首爾師大附設高中時期，曾經是學校的摔角選手，因此在後來曾擔任大韓業餘摔角協會會長一職。

結束留學歸國後的一九六六年，進入東洋廣播公司工作，開始累積其經營管理的經歷。其後歷任中央日報、東洋廣播的理事與三星物產的副會長等職位，自一九七九年二月開始，擔任三星集團副會長一職。李秉喆會長從此時開始，讓李健熙站上經營的第一線，透過現場的體驗觀摩，使其熟悉公司的經營運作。

一九八七年，前任李秉喆會長逝世，李健熙就任集團會長，一九九六年因對推動國內外體育活動居功厥偉，被選為國際奧林匹克委員會（IOC）委員。

就任後，李健熙會長的領導風格角色變化

二〇一三年
提出宏偉願景／營造危機感
以洞察力提出策略方向

策略性決策的決斷
長期性觀點的管理性決策
親自上陣指揮三星變身大企業
一九八七年

　　就任之後，李健熙會長的角色因環境與集團地位的變化而有所改變。就任初期，他事必躬親，但是後來逐漸把原本凡事自己親自決定及指揮的比重，轉換為以自己為集團內部合作之軸心，扮演著提出集團未來願景與方向的角色。這是因為他將自己定位為經營體系的奠定者，而在集團的能力逐漸累積之下，才得以將管理性、日常性的決策，委託給專業經營團隊。

　　李健熙會長雖然以領導者之姿，執行多種角色的職務，但他的領導風格，在於透過鼓吹遠大願景及持續不斷的危機意識來帶領組織的願景領導力，還有以看穿事業本質與時代潮流的洞察力為基礎，提出集團未來的策略性方向之洞察領導力。

1）願景領導力

　　李健熙會長賦予三星職員們夢想與希望，以「願景領導力」深植入不改變就會滅亡的危機感。三星是個擁有多樣化產業的超大型企業，李會長難以直接下達具體決策並徹底執行。因此，發揮願景領導力，讓員工們自動自發、全力以赴地工作是非常重要的事。

提出遠大願景

　　三星轉型過程中，李健熙會長所擔任的最重要角色，就是提出遠大願景。李健熙會長是韓國大企業 CEO 當中，最早提出「全球超一流企業」、「以兆為單位的獲利」等超高願景及挑戰性目標的人物[1]。就任會長之後，他又再三強調「若不是 NO.1 或 Only one，將無法生存」等想法。

　　李會長提出全球第一的願景，要求半導體、行動電話、電視、筆記型電腦、印表機等三星所有電子產品領域，都必須達到全球第一的地位。即使事業才剛起步，實力有所不足亦毫無例外。發展行動電話事業以來，儘管摩托羅拉（Motorola）、諾基亞（Nokia）、蘋果（Apple）等對手強勁，但三星的目標依然一貫地鎖定全球第一。

　　李會長為了在最短的時間內實現所提出之願景，在員工們努力的過程當中，自然而然地採取搶占先機的攻擊性投資、危機意識與緊張感、重視技術並確保核心人才，以及針對能力與績效的額外激勵、組織間競爭與合作等措施，構成了今日三星的獨特經營風貌。此過程請參考下頁圖表。

　　第一階段是為了實現李健熙會長在短時間內成為全球第一的願景，而採取搶占先機型的大規模投資階段。若是如法炮製先進企業所走過的路線，根本無法超越他們，因此需要採取比他們更果決及迅速的投資。舉例來說，三星為讓半導體事業成為全球第一的企業，即使在不景氣的時期，仍然果敢地進行大規模設備投資。LCD 與 AMOLED 事業也是一樣，為了爭取主導權而預先大規模投資下一代，甚至下下世代的產品。

　　第二階段是大規模投資所引發之危機意識與緊張感階段。在技術、人力、產品力不足的狀態下，所採取的大規模投資自然而然地引發危機意識與緊張感。因為若只是改善現有方式或

僅運用現有能力，將無法提升設備稼動率，而稼動率若無法提升，大規模設備投資即宣告失敗，公司或相關事業部門亦可能因此倒閉。

第三階段是以重視技術及確保核心人才的方式來因應日益攀升的危機意識與緊張感。就搶占先機型投資的特性而言，若僅以三星現有的內部能力，根本無法提升設備稼動率，這是因為內部本身具備的技術與人才不足所致。為了迅速確保設備稼動率所需的力量，三星大舉延攬擁有相關技術與知識的外部核心人才。因為內部缺乏相關人才，而若直接培養人才，又相當曠日費時。但是僅僅延攬人才仍然難以確保技術力，因此不得不同時進行大規模的投資。

李健熙會長之願景構成三星式經營的過程

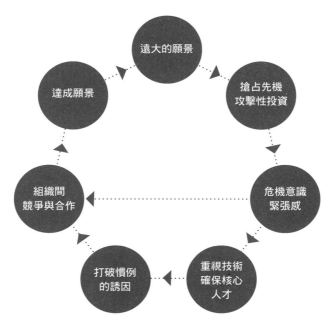

第四階段是自外部延攬核心人才，並為了提升內部人才的業務熱情，提供打破慣例之誘因的階段。為了自外部延攬核心人才，偶爾也會給予比子公司的 CEO 更高的年薪，而對於內部的核心人才也會給予額外的獎勵。此外，為了鼓舞員工們的熱情，根據各單位事業的績效而提供額外的誘因。因此，三星會依關係企業或事業部的績效，給予員工們甚至高達年薪 50％的績效獎金，引進了前所未有的激勵制度。

　　第五階段是因危機意識、緊張感與額外激勵而引發組織間的競爭與合作之階段。為了迅速達到李健熙會長要求全球第一的緊張感，促成了關係企業彼此之間、事業部彼此之間的合作。舉例來說，於二〇〇四年開始的電視事業一流化專案，三星電子與相關關係企業協力合作，謀求在最短時間內占據全球市場市占率第一位。另一方面，各事業組織為了績效，各自傾注全力，彼此競爭，內部競爭亦如同外部競爭般，如火如荼地展開。

　　最後階段是在透過組織間的競爭與合作，達成李健熙會長所提出的願景之後，再繼續提出更高願景之階段。李會長總是一再揭櫫更崇高的願景，他要求三星成為全球一流企業，此願景一達到某種程度，就進一步要求成為全球超一流企業；而當三星集團的許多事業也陸續達到全球第一的要求時，他以「十年後，這些事業也可能會全部消失，所以要再開發新的事業」為由，提出了更新的願景。此新願景再次引發了大規模的投資，強化了三星的經營方式。

形成健全的危機意識

　　李健熙會長的願景領導風格在另一個層面上，形成了健全的危機意識。他不斷反覆地再三強調，傾注熱情地進行改革，雖然可以成為全球一流企業，但是若不革新，不僅無法維持現有地

位，甚至公司本身都可能會滅亡。

直到如今，李健熙會長仍不斷地鼓吹「不改變就會死」、「不要安於現狀」的危機意識。三星創業後，每當新聞報導其獲利再創新高時，他總是說「只要一想到五年後、十年後，三星將以何維生，我就冷汗直流」、「五年後、十年後，三星第一名的產品全都會消失」。

即使在三星集團創社以來，獲得最高收益的二○○六年，在關係企業社長級會議當中，李健熙會長還是一再表示：「不要因獲利好而自滿，必須常懷危機意識，掌握變化與潮流。」不斷地強調要具備危機意識。在二○○七年一月的新年致詞裡，他主張「三星長久以來一直在先進企業後面拚命追趕，但現在則是站在被追趕的立場了」，「我們應該擺脫跟隨著先進者所走的輕鬆路線，必須站在開拓新道路的前方，經歷艱辛困境才行」，並要求以「創造─革新─挑戰」來實踐接續而來的創造經營。

2）洞察領導力

李健熙會長基於洞察事業本質與時代潮流趨勢的敏銳洞察力，扮演著提出三星必須集中力量才能朝未來方向邁進的領航角色；他並非具體說出應該建立何種策略，該如何執行，而是設定出欲達成願景時必須集中更多能力的方向。李會長為了讓三星變成全球超一流企業，強調必須強化軟實力、搶占技術標準、加強設計能力、提升品牌地位至世界水準等方向，而若要實現上述全部內容，必須延攬並培育核心人才才行。

為了確保李健熙會長所提出之能力，三星展開大規模的投資並力行經營革新。結果三星透過少數種類產品的大量生產，從一個以代工製造，出口產品至外國之默默無名（faceless）的企

業，變身為製造最尖端產品，並以高價銷售的企業。在三星內部，李健熙會長考量時代環境背景，每五年、十年便提出重要課題，因此，他的經營風格又被稱為「話題經營」，而本書作者們則想將此稱之為「洞察領導力」。因為他拋出重要課題，提出未來走向時，立基點就在於其卓越的洞察力。

果敢投資於軟實力與核心人才

李健熙會長在硬體競爭力之外，又追加了軟性競爭力。他認為如果無法提升軟實力，絕對無法成為全球一流企業，並以此等洞察力為基礎，帶領著三星集團前進。三星所謂的軟體（soft），是相對於硬體的概念，意指眼睛看不見的感性、知識、文化、創意等之統稱用語。三星為了呼應李健熙會長強調軟實力之要求，果敢地擴大研發、設計、品牌等之投資。

首先，李健熙會長主張「若沒有可明確畫立於技術霸權時代的獨特技術，將淪為永遠附屬於技術先進企業之下的二流、三流角色」，督促並鼓勵技術開發，企圖以技術籌備未來，並藉此躍升為超一流企業。三星因而大幅增加研發投資費用。為了因應未來而致力開發著技術的三星綜合技術院，在李健熙會長的主導之下，不受經營狀況的限制，一直維持預算以培育研發人才。此努力的結果，使得三星在美國登錄的專利件數上升到全球第二位。

三星在加強設計能力的過程當中，李健熙會長亦扮演著重要的角色。一九九六年一月，李健熙會長在新年致詞裡，宣布該年為「設計創新年」。強調軟實力的重要性，同時要求傾注全力於三星內在的設計研發。此一要求開啟了三星員工們沒有獨特又時尚的設計，就無法躋身超一流企業之列的認知。後來，三星完成了設計理念與方針制定、建構了設計創新所需之基礎

建設，完成了制度改善，同時也促進對設計領域的大規模投資，並且大量引進高級設計人才。三星電子於二〇〇〇年成立設計委員會，二〇〇一年起將設計經營中心納入 CEO 直屬組織，展開整合性的設計創新活動。這些努力的結果，三星電子榮獲工業設計卓越獎（IDEA）、iF 產品設計獎等世界設計獎，在電子產品領域躍居第一位，也被消費者評價為高品質的名牌產品。

在提升三星的品牌地位方面，李健熙會長的決策同樣幫了大忙。一九九六年五月，李健熙會長要求集團必須提出使三星品牌地位提升至世界水準級的方案。因此，三星於一九九七年九月擬訂了新品牌策略，正式展開行動。三星電子設立了全球行銷組織，引進尖端行銷技巧，實施品牌策略；並將過去海外子公司或辦事處由各別廣告代理商負責的情形，整合成由單一公司執行，以便向全球客戶傳達統一的形象與訊息。值此之際，三星取得向來由全球一流企業獨占的奧林匹克全球合作夥伴資格，此舉同樣是在李健熙會長的指示下而成。前三星電子副會長尹鍾龍回憶說：「大量資金湧入時，專業經理人都難以果敢地拍板定案之事，只要會長下決心，就一定能實行。」後來，三星持續成為夏季及冬季奧運會的全球合作夥伴，以及亞運會的官方贊助廠商，展開廣告及行銷活動。此一努力使得三星在二〇一三年國際品牌顧問公司 Interbrand 所公布的全球品牌價值排名中，一舉躍升至第八名。

李健熙會長花費最多心思的領域，還是在確保人才這方面。企業為了迅速確保所需能力，儘早從外部延攬具有能力的人才至關重要。李健熙會長要求「招聘可領取比社長更高年薪的天才型人才」、「展望未來，發掘及培育人才」，也是基於此一脈絡。

今日，地域專家及國外核心人才之所以能成為三星競爭

力的核心關鍵，可說是託了李健熙會長高瞻遠矚的決策之福。一九九一年依李會長的指示而開始招聘的地域專家，在二〇一四年初，已經遍及八十多個國家，達到五千多名，他們成為二〇〇〇年以後，引領三星海外事業急劇成長的重要主角。同樣地，根據李會長聘雇國外核心人才之指示，雖然早期遭受到部門主管們「語言又不通，說不定還要幫這些外國人收拾殘局！」的反彈聲浪，但是仍在李會長一而再、再而三地反覆強調下得以落實。如今，國外核心人才在推動三星經營方式之全球化，以及三星在海外展開事業方面，扮演著相當重要的角色。

策略性決策之決斷力

李健熙會長幾乎不會干預與事業有關的決策，但在需要下達戰略性決策時，他身為家族企業主，就會果敢地做出最後決定，此種決斷力對於三星迅速躍居全球一流企業，具有重大貢獻。

曾是一個南韓小企業的三星，在極短時間內迅速成長為全球性企業的原動力之一，正是對於可創造出巨大收益的新興事業之果敢投資。三星的專業經理人們異口同聲地表示，成為現今三星主要獲利來源之記憶體半導體、TFT-LCD、手機事業的核心成功要素，首推家族企業主的決斷力。儘管身為一個後進業者，相關技術亦相當落後，甚至處於長期大規模赤字狀態，但是還能持續投資於設備與研發，便是由於家族企業主的支援所致。一九九七年下半年，在 TFT-LCD 事業持續不景氣，而且三星還陷於後進業者的苦戰之際，當時屬於先進業者的日本業者對大尺寸基板的新一代生產線投資，呈現消極的態勢；此時，由於李會長果敢地決定進行大規模設備投資，使三星得以掌握市場標準，確保了產業的主導權。

除了大規模投資決策外，有時候李健熙會長也會直接參與某些討論並下決定。在開發 4MB DRAM 半導體時，針對半導體晶片究竟該選用向上堆積的堆疊式（Stack），還是向下挖掘的溝槽式（Trench），三星內部展開了一場激烈的爭辯。此時，李健熙會長沒有選擇以 IBM 為首的先進業者們所選的溝槽式，反而選擇了堆疊式。「愈是複雜的問題，愈需要單純化。蓋房子也是從下往上堆疊，會比在底下挖洞的方式來得更好、也更有可能性一般，迴路也是一樣。」他基於直覺下了決定。後來選擇溝槽式的日本東芝（TOSHIBA）或 NEC 等遭遇到非常大的瓶頸，三星因而掌握到了超越先進業者的大好時機。

另一個例子則與東芝的合作提案有關。二○○一年，擁有 NAND Flash 關鍵技術專利，且市占率大幅領先三星電子的東芝提出了共同開發新一代 NAND Flash 的合作方案。雖然三星的專業經營團隊贊成及反對參半，但是李健熙會長認為：「若想要獲得第一名的地位，即使風險很大，也必須要獨自開發才行。」說服了經營團隊拒絕東芝的提案，而三星電子則在後來的一年裡，超越了東芝，成為在半導體領域裡率先開發出最尖端技術，獲利率最高的企業。

李健熙會長的決斷力，在三星面臨亞洲金融風暴時，迅速進行結構調整過程中，也同樣散發光彩。由於一九九八年的亞洲金融風暴，讓三星集團陷入危機，李會長下令將其以私人財產投資的富川半導體工廠，賣給美國快捷半導體（Fairchild）公司。而李會長決定賣掉這個在三星半導體事業中因具有歷史遺產意義而讓人不捨，而且是系統 LSI 領域裡唯一獲得高利潤的事業後，也使得其他部門的結構調整腳步更進一步加速。

2. 三星式公司治理結構
——家族經營及專業經營之調和

　　以目前的觀點來看，三星式公司治理結構的代表性象徵，可說是家族經營與專業經營的調和。在大型企業裡，家族企業主與專業經理人同時參與經營管理時，通常只會站在各自立場的觀點行事。但在三星，則同時實現了以長期觀點提出企業家決策之家族經營的優點，以及發揮專業管理能力之專業經營的優點。身為家族企業主的李健熙會長，提出遠大的願景與集團未來邁進的方向，而專業經理人們則站在自身負責的事業領域裡，達成李健熙會長提出的願景，作出可實踐未來方向的策略性及管理性決策。家族企業主擔任評估專業經理人的績效，防止其道德危害的角色；而專業經理人們亦扮演著對家族企業主的決策提出專業見解，並予以補強的角色。

1）領導風格及公司治理結構之變化

　　三星的領導風格及公司治理結構在李健熙會長就任時，產生了很大的變化。在公司治理結構層面上，最大的變化是從以家族企業主為中心的經營方式，變更為以家族企業主與專業經理人分工合作的共同經營方式。李秉喆會長透過秘書室（如今的未來戰略室），甚至連關係企業的平時決策都加以干涉。而李健熙會長大部分是透過集團本部的未來戰略室，傳達意見給各個子公司。未來戰略室扮演創造關係企業間的綜效，累積集團層級能力等綜合性協調角色，藉由調解關係企業間的利害衝突，同時追求集團層級的最佳化。而各個關係企業的專業經理人為了在各子公司實現家族企業主所提出之願景，則基於以自主性來拓展事業。

三星領導風格與公司治理結構變化

	新經營之前		新經營之後
公司治理結構	家族經營	未來戰略室協調功能、三方治理結構	家族＋專業經營
家族企業主	家長式領導風格	提出宏偉及集團經營方針	願景領導風格
專業經理人	管理者、執行者	發掘專業經理人、激勵誘因	策略家

　　另一方面，李健熙會長就任後，家族企業主的角色本身也有了變化。李秉喆會長重視精密性，即使是瑣碎小事，也會予以關注，並且直接參與決策；相反地，李健熙會長則提出大方針並鼓吹危機意識，並基於洞察力提出集團的經營方針，只針對戰略性決策下達決定，發揮了活用其家族企業主優點的願景領導力與洞察領導力。李健熙會長認為：「我負責提出未來戰略方向等經營大方針，而平常的管理則請具備專業性與能力的各公司社長們自律性處理。他們擁有責任與權利，自然會以小心經營為原則，這不就是會長的職責所在嗎？」並且以此定義了自己在三星的經營所扮演的角色。李健熙會長在就任初期即採取與前任會長不同的方式來管理集團，其宗旨說明如下。

"前會長掌握了80％的經營權，其他由秘書室執行10％、各關係企業社長執行10％。不過未來則將改變為會長與秘書室占60％，各關係企業社長占40％的方式。"

三星的三角編制經營

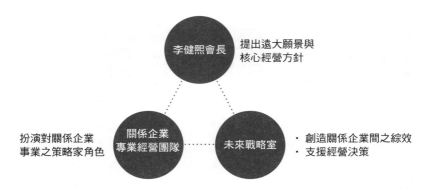

根據家族企業主的角色變化，專業經理人的角色亦大幅改變。李秉喆會長時代的專業經理人扮演的角色是執行會長指示事項的執行者，以及管理各關係企業，使其得以運作順利的管理者。然而，在李健熙會長就任後，專業經理人成為必須建立該事業戰略的策略家角色。

在三星的公司治理結構裡，成為核心角色的三大軸心是李健熙會長、未來戰略室，以及關係企業的專業經理人們。李健熙會長提出願景與經營方向；未來戰略室為了集團的整體最佳化，支援經營團隊的經營決策，並誘導關係企業間的競爭式合作以創造出綜效；關係企業的經營團隊則自主經營，在現場親自指揮管理。

2）家族所有權結構

以二〇一三年十二月為基準，三星集團是個由七十五個國內關係企業組成的複合型企業。三星的關係企業是具有獨立法律地位的公司，其中十七家是股票上市公司，其餘為非上市公

司。三星集團的法律狀態，是由不具獨立法律地位的事業部，與即使具有獨立法律地位，但是由控股公司持有 100％股票的關係企業組成，與美國的複合型企業大不相同。股票上市之關係企業的大部分股份都由三星的家族大股東或三星關係企業以外的外部股東所持有，每個關係企業的外部股東都不一樣。

各個關係企業因為是具備獨立法律地位的公司，所以都是由理事會組成，理事會根據法律規定，有外部理事參與其中。

三星的所有權結構具有最大股東為家族的核心關係企業，以及由核心關係企業投資其他關係企業，關係企業之間出資關係複雜等特色。以二〇一三年十二月三十一日為基準，李會長家族擁有非上市公司之三星愛寶樂園（Samsung Everland）46.04％的股份，愛寶樂園擁有三星生命 19.34％的股份，三星生命擁有三星電子 7.53％的股份，三星電子又擁有三星 SDI 20.4％的股份、三星電氣 23.7％的股份、三星重工業 17.6％的股份等，分別在二十四個子公司投資了股份。三星生命投資了十八個關係企業，三星 SDS 也投資了十一個關係企業。創業已久的關係企業們亦在多個關係企業出資持股。李健熙會長家族擁有三星生命 20.76％的股份、三星電子 4.69％的股份，但大部分關係企業的股份都不是由同一個股東所持有。這些複雜的持股關係，整理如下頁圖表所示。

三星關係企業間主要持股關係

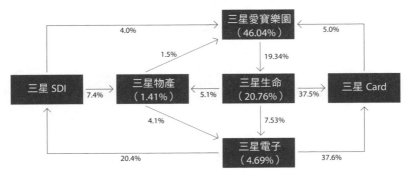

* （ ）內的數字是李健熙會長家族持有的股份比例（以 2013 年 12 月 31 日為基準）

　　舉例來說，以二○一三年年底為基準，李健熙會長家族持有三星電子 4.7％、三星生命保險 7.5％、三星物產 4.1％、三星火災海上保險 1.3％的股份；李健熙會長家族與三星關係企業所持有的股份合計不過只有 19.6％，相反地，外國股東則持有 50％左右的股份。

　　由於透過李健熙會長與關係企業可確保的持股比例不高，所以取得股東們的信任非常重要。換句話說，可能引發代理人問題的家族企業主之行動，受到證券市場所控制。此外，在南韓公平交易委員會或金融監督院等之公家監督機構，還有參與連帶（People's Solidarity for Participatory Democracy, PSPD）或經濟正義實踐市民聯合會等民間團體的徹底監視及監督之下，家族企業主也很難做出任何違反小股東們利益的行動。

3）未來戰略室

　　探討三星的領導風格與公司治理結構時，一定要探討的機構，就是執行集團裡類似塔台功能的未來戰略室（過去稱為秘書室、結構調整本部）。未來戰略室是在股東與家族企業主及專業經理人之間，追求最佳利潤點的獨特組織。未來戰略室扮演著必須站在股東的立場上，牽制關係企業的專業經理人；站在家族企業主的立場上，使集團整體獲取最高的利潤；站在專業經理人的立場上，協助其促使關係企業獲得最大利潤，並加強其競爭力的角色。

　　未來戰略室是個追求三星集團整體層級之最佳化的主體，誘導著關係企業彼此競爭暨合作，共同創造綜效。為達成目標，未來戰略室客觀地分析各關係企業的策略並提出建言，探討可提高關係企業所有企業價值的方案並推動其執行。此外，開發集團內外的最佳實務（best practice）並傳播至關係企業，扮演提高經營效率的知識樞紐（Hub）角色，還包括集團共同的人事指南、行銷、經營診斷、法律服務等業務。

4）專業經理人之領導風格

　　新經營革新之前，在三星的經營當中，專業經理人所占的比例不大。但在新經營革新之後，推動關係企業自主經營，專業經理人甚至成為三星的經營三大軸心之一，角色大為活躍。他們在李健熙會長提出之大經營架構下，發揮自己最大的力量，擬訂關係企業的願景與策略，扮演著推動並使其實現的角色。為了成為全球超一流企業，三星推動關係企業自主經營，使專業經理人們得以執行策略家的角色，大幅修正了專業經理人的發掘、運用及獎勵方式。

合理的專業經理人開發系統

三星執行合理的經理人選拔、培育、評估、升遷政策，發掘及延攬經營能力卓越的人才納入專業經營團隊。此外，三星除了發掘這些具有卓越能力的人才之外，也針對提升人才能力的教育訓練，進行許多投資。

大部分關係企業的社長們是透過內部升遷而被任命。而專業經理人的選拔則是經由非常嚴格的審查與徹底的查證過程才完成。三星在關係企業員工的任免上，完全遵循著實力主義與績效主義。因此，與南韓其他財團企業們相比，不僅關係企業代表理事從一流大學出身的比例偏低，也不會因為出身名門學校，或是過去貢獻良多，就手下留情。尤其在三星，創業者與家族企業主週邊親戚參與經營的頻率很低，而員工們高升成為最高經營者的機會很大。在專業經理人市場尚不發達的南韓，為了成為專業經理人的內部升遷競爭十分激烈。

新經營革新之後，積極推動自外部引進高階經營團隊，延攬在海外先進企業中經驗豐富的優秀人才，培育其成為關係企業的 CEO 候選人。透過他們來確保三星尚有欠缺的能力，使其經營方式全球化，他們是主導組織變化，賦予組織活力的多功能布局。

賦予發揮能力之機會並給予激勵

即使延攬擁有卓越能力之人才作為專業經理人，但是他們若沒有一展長才的機會，抑或欠缺為了提高績效而想認真工作的熱情時，其能力將無法與企業的績效進行連結。

李健熙會長囑咐關係企業的經營團隊「減少不必要的報告，朝可以自主經營的方向邁進」。甚至在亞洲金融風暴後，賭上集團命運，斷然實施結構調整，將大部分的工作託付給實務經

營團隊。因為唯有如此，他們才不會執著於短期績效，才能認真地思考五年後，甚至十年後要做什麼，以長期的觀點來經營關係企業。

有效控制代理人問題

　　三星有效地控制了專業經理人的代理人問題。所謂專業經理人的代理人問題，是指專業經理人不為公司股東們的利益著想，而是為了自身私利來工作。在專業經營體系中，由於代表理事可兼任董事會會長，對於董事會的組成亦具有相當程度的影響力，因此，要換掉經營能力不足，或犧牲公司利益而只顧追求自身利益的最高經營者並不容易。所以，在由專業經理人負責經營管理的美國企業中，控制專業經理人的道德危害，成為非常重要的課題。

　　三星在未來戰略室裡設置了經營診斷組與關係企業人事組，持續不斷地評估著專業經理人的經營管理能力與道德性。因此，在大規模投資或人事上，就不容易產生不合理的決策或專權的情形。

CHAPTER 4

三星式經營體系之進化

本章將探討構成三星式經營體系之經營策略、人才經營、三星式經營管理、價值與文化,並說明三星式經營體系構成要素彼此之間的契合性。

1. 經營策略——由以量取勝改為以質取勝之策略

"未來屬於率先開創及挑戰的人。在瞬息萬變的環境中,需要具備能比別人先行察覺機會的洞察力,以及將危機化為轉機的智慧。伺機而動的「戰略性三星」將是最佳解答。我們必須以策略性思考與搶占先機的積極姿態,高效運用有限資源,以強化競爭力。"

——李健熙

三星推動新經營革新的同時,設定了透過品質躍升成為全球超一流企業的戰略性願景,並據此修正了經營策略,其方向可概分為兩大類。第一是將現有的「快速追隨者」策略,修正為透過推出全球第一(world first)、全球頂尖(world best)產品,成為「市場領導者」的策略,藉此嘗試改變;其次則是關於事業領域,將現有的非關聯性多角化策略,修正為聚焦至透過「事

業結構高值化」策略，亦即選擇與集中的事業結構調整，以及透過內部競爭強化各事業核心力量的策略。

　　為了有效執行這兩類新策略，三星採用的新競爭武器，正是同樣出現於「透過品質躍升為成為全球超一流企業」之戰略願景中，所出現的「品質（quality）」。在此將先說明成為前述兩大類經營策略之基礎的「重視品質策略」，再依序探討屬於經營策略的「市場領導者策略」以及屬於事業策略的「事業結構高值化」。

三星之經營策略變化

	新經營之前		新經營之後
策略基礎	以量取勝策略	客戶導向、價值創新、強化軟實力	以質取勝策略
競爭策略	快速追隨者	懸殊差距、創新產品／技術、數位匯流	市場領導者
事業結構策略	雁行事業結構	選擇與集中、垂直整合化、複合化	事業結構高值化

1）重視品質策略

　　重視品質經營的關鍵，一言以蔽之，即是「提升人才品質，才能提高經營品質，以日益提升的經營品質為基礎，來提高產品與服務的品質」。其中，「人才品質」與「經營品質」與在此說明的其他經營要素息息相關，而「產品與服務的品質」與經營策略具有最直接的關聯。因此，人才品質與經營品質將在後面章節裡再行說明，在此先探討產品與服務的品質。

　　新經營革新之後，三星將高品質的產品與服務定位為全球頂尖產品，亦即「無論在世界何處推出，都毫不遜色的一流產品」，或是「全球最高水準的產品與服務」，並且竭盡所能地

推動重視品質策略，包括展開各關係企業與事業部都必須製造至少一個以上的全球最佳產品之運動，致力於使技術力、設計、品牌等軟實力提升到全球最高水準、轉變為以客戶為中心之客戶導向型（MDC, market-driven change）經營、以不滿足於現有產品或服務的潛在客戶為對象，提供創造新客戶價值的產品，企圖開創新市場之價值革新等等，都是努力的環節。

三星向來是以製造競爭力為基礎而成長，並追求產品的品質提升。一般而言，蘋果公司等全球先進企業是將製造視為低附加價值功能，而選擇採取外包策略，但是三星即使如今已躋身全球一流企業之列，依然相當重視製造部門。雖然部分產品會採用外包方式，但是大部分產品至今仍透過垂直整合的生產線自行生產，持續投入巨額資金於建置製造所需的工廠與設備。

透過從事製造業的長久經驗，三星累積了諸如生產線共享（line sharing）、混流生產、樂高式產品開發與生產等固有的生產專門技能（Know-how），並且藉此成就了製造部門的高效率與絕對成本競爭力、大量客製化（mass customization）能力、先驅式創新產品及技術之製造基礎供應能力，形成了今日三星具備差異化競爭優勢的根基。Galaxy S 或 Galaxy Note 等各式智慧型手機全都是在三星電子內部生產，之所以能與仰賴富士康等外包廠商、在短期間內大量生產 iPhone 的蘋果公司相抗衡，並且在短期間內以具有競爭力的成本來大量生產智慧型手機，也是由於具備製造競爭力優勢之故。

在新經營革新之後，三星開始執行重視品質策略，同時基於以製造為中心的產品品質提升之角度，為了強化技術力、設計、品牌、服務等各層面的軟實力，而更進一步地積極展開投資。相較於屬於產業化及類比時代的二十世紀，二十一世紀是資訊化及數位化的時代，兩者的競爭力之關鍵大不相同。例如，

在手機產業中，過去以功能型手機（feature phone）為中心的時期，硬體功能與通訊技術至關重要；而如今軟體與內容平台的重要性卻凌駕於硬體之上。因此，在製造業裡，添加軟體要素或與軟體產業整合以提高現有產品的附加價值，使產業結構高值化日益重要。特別是肉眼看不見的軟實力，由於不易模仿，後進企業無法快速追趕，便是相當大的優點。李健熙會長強調軟實力，正是基於此一概念。自發表新經營宣言時開始，李會長便再三強調：「二十一世紀企業競爭力，來自研發、設計、設計力等軟體面。」而在二○○六年之後，他提出「創造經營」為新的經營課題的同時，也預示了要將二十一世紀所要求的軟實力極大化。

2）市場領導者策略

　　進入二十一世紀，三星企圖從「快速追隨者」，策略性地轉型為「市場領導者」。過去的三星，有效地運用迅速模仿市場先進企業們的產品，並以低價銷售方式擴大市場占有率之快速追隨者策略，成功地在電視、半導體、TFT-LCD、手機事業裡，躋身為全球先進企業。儘管此快速追隨者策略相當有效，但三星仍想改變方向，成為市場領導者，原因有二。

　　第一，在產業形成初期，以滿足客戶需求的創新產品來形成市場並掌握標準的企業，以贏者通吃的優勢來享有長期高利潤之全球知識經濟時代已經到來[1]；第二，三星雖然以快速追隨者策略獲得成功，但是獲利基礎並不穩固，無法持續創造穩定獲利。

　　三星大致上以兩個方向來追求市場領導者策略。第一是針對技術路徑已經固定的現有產品，以先行技術開發與設備投資，謀求拉開更大差距的超懸殊差距策略；亦即，率先推出比競爭

者性能卓越的產品來創造利潤，而當後進業者開始銷售相同性能的產品時，再調降價格，使競爭者獲取最少利潤的策略。三星針對需要大規模設備投資的事業，便是採取此策略，目的在降低競爭者的投資餘力，維持三星的競爭優勢。此策略是三星電子在進入記憶體半導體事業與 TFT-LCD 事業初期，面對日本競爭者時所學習而來，三星電子將此策略運用在半導體事業上，獲得了極大成效，因而又將之運用在 TFT-LCD 事業。近來，三星電子正處於將二〇〇八年後所形成的全球競爭優勢，進一步拉大懸殊差距的好時機，因此，三星正以現場為中心來進行組織精簡，同時加速內部效率與速度管理。

第二是三星最近強調的策略，亦即比競爭者先行開發創新產品並率先上市以主導市場，本書將在第七章對此詳加說明。李健熙會長持續強調必須擁有可因應五至十年後的準備經營及危機意識，同時主張藉由早期確保尖端技術與核心人才來主導技術。尤其在這個有別於類比時代的數位時代裡，他相信三星相較於日本競爭者更具技術優勢，因此在二〇〇〇年宣布「數位經營」，並闡明其數位先導策略。在李健熙會長的主導下，為了開發世界最領先的技術，三星設定了各關係企業與三星電子各事業部，均必須製造出全球最領先產品的「一個公司一項創新產品」、「一個總負責人一項創新產品」的目標，集中開發並培育新樹種事業。這項技術先導策略促使三星最早開發並推出混合式記憶體（Fusion Memory）、相變化記憶體（Phase-change memory ,PRAM）、LED 電視、有機發光二極體（OLED）等創新之新技術或新產品，並連續成為 MPEG、WIBRO、IMT-2000、HEVC 技術的全球標準主導者。

三星電子另外透過各事業部門之間的合作，推動「數位匯流」策略。所謂數位匯流，是將過去無法整合處理的三大資訊

傳達要素，亦即聲音、文字資料、影像，運用發達的數位技術，以同一個方式加以整合處理[2]。三星電子充分運用記憶體、系統邏輯晶片（System LSI）、顯示器面板、手機、電腦、家電等特殊複合化的事業結構，積極運用這些產品間的綜效，並整合成新產品甚至是新事業，設定為可與專業型競爭者進行差異化的主要策略重點。自三星電子成功地生產全球最早結合 DVD 播放機與卡式錄影機（VCR）的組合式（Combo）DVD 播放機以來，陸續又生產了整合兩、三個功能及產品之整合性產品；二○一二年將通訊功能與相機結合，生產了 Galaxy 相機，便是近年來的代表性整合產品。

數位匯流之發展階段

數位化	設備匯流	網路匯流	普及化
1960-1990 年代	2000 年代 前半期	2000 年代 後半期	2010 年代
1960 年代 電腦	整合化	通訊＋廣播	物聯網化
1970 年代 通訊	網路化	服務整合	
1980 年代 收音機			
1990 年代 錄影機			

同時，三星為了讓其全球率先問世的產品成為實際標準（de facto standard），試圖與核心零組件供應業者、競爭者、大客戶等企業或相關機構進行廣泛地策略聯盟，並建立友好的合作關係。為了追求技術優勢或全球領先開發，必須取得包含競爭者在內的互補產品之開發者、客戶、零組件供應商等產業生態系統（industry eco-system）中，多數企業與相關機構的支持，才能主導實際的標準設定。例如三星電子的半導體事業部主導中的

「行動解決方案論壇」，或是為了開發新一代智慧型手機作業系統的「Tizen 聯盟」，即為其例。

3）事業結構高值化策略

"社長團必須集中精神於未來集團要以何維生等策略性問題。必須匯聚集團整體的力量，更加強化戰略性事業，並發掘未來成長事業。成長性高的現存事業應持續提升其競爭力，低附加價值部門則果敢地裁撤或縮編，必須培育技術密集且未來導向性的新事業才行。"

——李健熙

　　奉行李健熙會長之想法的三星，歷經新經營革新與亞洲金融風暴之後，從關聯性少的多角化策略，轉變為透過「選擇與集中」之原則來調整事業結構並推動內部競爭，謀求強化各事業之專業性與核心能力的事業結構高值化策略。在新經營革新以前，三星是一個事業領域橫跨製造、金融、服務產業的複合型企業，一味地走著擴張事業的路線。

　　在成長為複合型企業的過程當中，三星一貫使用的策略是「雁行（flying geese）事業拓展」策略。亦即與雁群飛行類似的型態，一個關係企業的成功，可擴及其他關係企業，新成功的關係企業再次成為領先者，然後再引導其他關係企業之策略。三星陸續以製糖—物產—家電—半導體為其主力事業，再藉由先前主力事業的成功經驗、核心能力、資金、人力及主要資源等，開啟新的主力事業。透過第一製糖而進入製造業的三星，以其在此累積的成功經驗與能力為基礎，先後成功地進入紡織、製紙、電子產業等各產業領域。在處於領先地位的主力產業安全地創造了營收與利潤，並持續給予資源支援之下，新成立的

關係企業輕鬆地克服了事業早期的困境，奠定了基本面，確保了自主能力，其代表性案例便是一九八〇年代初期進入的三星記憶體半導體事業。

然而，在新經營之後，三星根據選擇與集中之原則，積極地推動雁行事業結構之高值化。一九九〇年初期，透過使關係企業從集團中獨立與事業整合，整理了部分事業；特別是以一九九七年亞洲金融風暴為契機，將三星汽車等競爭力弱或不具成果的公司及事業加以整頓，取而代之地，對於頗具成果之核心事業，毫不吝嗇地給予集團或關係企業層級的支援，更明確地呈現出其選擇與集中原則。此時，三星採用的最重要原則，是除了新興事業之外，三年連續呈現赤字的事業即刻整頓之「自立自生原則」。事實上，三星在亞洲金融風暴後，每年都會評估各事業的競爭力，並斷然採取常態性的事業結構調整。透過事業結構之調整，三星電子從一個以百貨公司模式展開事業的綜合性電子公司，進化為在記憶體半導體、手機、面板、數位多媒體等核心主力事業領域，由各具競爭力之專業型公司形成聯盟的複合性型態。

三星電子方面，個別事業亦不斷地追求著事業結構高值化。從一味地發展記憶體半導體事業，轉變為在系統半導體方面，也成功地開發出世界第一的行動裝置應用處理器（AP）等，而在記憶體半導體領域，亦開發出混合式記憶體（Fusion Memory）解決方案等，促成半導體部門的高值化，皆為其代表性案例。在電視事業方面，三星為了聚焦於數位電視，比 SONY 更早處理掉占其營收 27％的映像管電視事業。

三星在電子之外的其他集團關係企業，亦積極致力於事業結構高值化。三星 SDI 從製造類比影像機器用映像管的公司，轉型為開發及製造二次電池與電漿顯示器（PDP）的數位影像

零組件公司；三星重工也停止接受散積船、原油船等低附加價值船舶的訂單，蛻變為可提供鑽井船、大型液化天然氣浮式儲油輪（LNG-FPSO）、破冰油船等高技術、高附加價值船舶及海上成套設備（plant）之具備全球競爭力的公司。三星精密化學亦從肥料中心轉變成高附加價值精密化學產品公司；第一毛織也發展為新培育的資訊電子材料的銷售比重，超越其既有主力之時尚（fashion）事業的企業。

三星一邊追求事業結構高值化，一邊裁撤競爭力低落的事業，同時為了壯大核心主力事業，一方面加深垂直整合化，另一方面則持續投資以開發新一代主力事業，其內容如下：

第一，新經營革新之後，使垂直整合高值化，並運用作為競爭力的根源。有益於終端產品之競爭力的事業，就在內部生產。以手機事業為例，二〇一三年上市的 Galaxy S4，其所採用的記憶體半導體、應用處理器、顯示器、相機模組等核心零組件，便是由三星集團內部生產，而運用於手機的 AMOLED 顯示器材料，雖然是購自德山金屬（Duksan Hi-Metal）等外部業者，但是同時也在第一毛織裡開發、生產並供應相同的材料。這是因為透過集團內部的合作，不僅可加速新產品的開發速度，還可透過對合作廠商的技術與經營指導，強化三星電子生態系統的整體競爭力。

第二，三星持續投資並發掘新樹種事業。三星基於成長性與獲利率的考量，將事業加以分類，並據此制訂投資決策。三星將內部各種事業分成四大類：針對五至十年後將會開花結果，所以目前必須開始啟動技術、資金、人力投資的新一代事業，屬於「種子事業」；不久的未來可能躍升為公司的主力事業，因此必須迅速確保技術與產品競爭力，以搶先占領市場者，屬於「樹苗事業」；目前引領著公司成長，必須傾力強化現有競

爭力者，屬於「果樹事業」；至於必須果決地整頓處理者，則屬於「枯木事業」。三星認為種子事業與樹苗事業是足以肩負未來三星成長的新樹種事業，為了加以開掘及培育而持續投資當中。新樹種事業亦依據選擇與集中原則，在可確保三星之核心能力與全球競爭力層面上，透過審慎的討論後才選定，一旦選定後，立刻集中力量於此。二〇一〇年三星在集團層級方面，發表了未來十年間將投資約二十三兆韓圜，集中培育的新樹種事業，此次所選定的新樹種事業只有 LED、車用二次電池、太陽能電池、醫療器材、生物仿製藥（Bio-similar）等五項而已。由此可見三星在選定新事業時，是多麼嚴謹地採用選擇與集中之原則。

2. 人才經營──追求「人才品質」

三星在創業初期，便已將「重視人才」視為三大經營理念之一，相當強調人才的重要性。創業後至今，三星重視人才的哲學雖然始終如一，但是隨著時代轉變，三星在修正策略的同時，也修正了人才政策。在此先針對李健熙會長就任後，三星的人力結構之變化加以說明；接著探討此變化所帶來的核心人才確保政策、內部人力市場開放政策及全球人才培育政策，最後再說明三星的報酬與升遷制度。

1）三星人力結構之變化

李健熙會長就任後，三星的人力結構歷經了大幅度的品質改變。首先，縮減了作業員或單純職能等低附加價值人力的比重，增加專業職位、高職級、高學歷人才的比重，包括研發、行銷、軟體、設計等專業人力增加了五倍，高階幹部人才

增加了十五倍。雖然沒有學歷上的差別歧視，但高學歷人才卻自然而然地成為大宗。一九八八年後，三星的製造人力占比，從 35％縮減到 21％，相反地，研發人才從六千名增加到五萬六千名，成長了十倍以上。特別是碩士學歷，增加了十四倍，而博士方面，也由李健熙會長就職初期的一百二十名，增加約六十三倍，達到七千六百名。由於人才的高值化，三星員工的人均生產力亦大幅提升。二○一三年，三星的總員工人數約為二十二萬名，比一九八七年李會長就任時的十一萬名增加兩倍，但人均銷售額卻上升了九倍。

三星之經營策略變化

	新經營之前		新經營之後
人力主軸	一般性人力	經營團隊的參與、具彈性的報酬制度、客製化支援	核心人力
聘雇方法	內部調配	隨時招聘、有經驗員工優先採用	外部招聘並行
人才特性	國內人才	區域專家、擴大招聘外國人、培育在地管理者	全球人才並行
報酬與升遷	年資主義	拔擢人才、績效獎金	績效主義

有經驗的員工之比重亦大幅增加，尤其是專業人才方面，相較於作業員或單純功能職，自外部聘雇有經驗員工的比重提高。作為培訓計畫的一環，從外國獲取 MBA 學位的人才、在外國接受教育後進入三星的人才、培育並派遣為地域專家等國內人才當中，具備海外經驗與知識豐富的人日益增多。此外，三星也透過設立海外研究所與設計中心，善用海外當地高級人才，擴大採用在國內工作的外國專業人才，以及培育當地管理者等等，增加活用外國專業人才。

2）強調核心人才

"所謂核心人才，是可將某種產業推進全球前三或前五名的人。只要能選拔出一名S級人才，就非常值得讚賞了……。S級人才是即便社長四處奔走也不見得找得到，必須吩咐下屬三顧茅蘆才能見上一面的人才……。光是尋找S級人才可能費時二至三年，想要延攬入社可能費時一至兩年。即便社長拜訪十次以上，連對方家人方面都承諾一併照顧，也不一定能夠延攬成功。社長們應該將一半以上的工作集中在全面修正核心人才確保方案。這是生死存亡問題，此事不成，就不可能成為一流企業。"

——李健熙

　　新經營革新之前，三星的人力管理只將焦點放在引導出一般人才的熱情。三星選拔了均質的標準化人才後，透過對所選拔人才實施徹底的教育訓練過程，提高其愛公司心理，使其採取為了三星認真工作的方式。然而，三星在一九八三年投入半導體事業時，從Intel、IBM、貝爾研究所等引進韓裔技術人員與管理者，為了引進這些人才，也提供他們比最高經營者更多的年薪。當這些人才成功地經營了半導體事業時，李健熙會長要求其他事業部門同樣必須引進天才級的人才，因為在新經營革新之後，三星將成為全球超一流企業為導向，而確保核心人才視為非常重要的課題。

　　三星將核心人才分成S級、A級與H級。S級是指可即刻委以事業部負責人角色、可以主導標準、可以馬上擔任關係企業社長的人才；A級是指具有國內外競爭企業或先進企業五年以上執行業務經驗，經驗或能力受到市場認同，足可擔任課長級乃至初級高階主管角色的人才；H級是雖然經驗不足且能力

尚未受到驗證，但是深具成長潛力的人才。

　　李健熙會長對核心人才的開發、引進、維持的執著與關心非同小可。他要求關係企業社長與人事部門主管們必須把確保與維持核心人才，視為最重要的策略性業務之一。事實上，自二〇〇二年起，在評估關係企業社長時，他將確保核心人才賦予了一定的加權比重，同樣地，自二〇〇二年起，他也定期要求各關係企業呈報「每月核心人才確保實績」。

　　三星針對核心人才，給予客製化的支援。這是為了避免想要引進外部人才，卻因內部薪酬制度不夠彈性以致無法選拔人才的情形，而將薪酬制度彈性化，為使引進的人才得以發揮自己最大的能力，亦提供高額的激勵誘因，對於創造出績效的核心人才，透過拔擢人事制度，使其超高速升遷。三星對核心人才所要求的條件給予最大程度的滿足，為了使他們能適應三星文化，會安排在聘用過程當中，曾經接觸過這些核心人才的實務工作者，至核心人才所屬部門待上一段時間，並提供適應公司所需的全天候支援等等，運用各式各樣的支援政策。此外，為了天才級的人才，甚至還建立了新的組織，這是為了使他們發揮最大的能力，而制定其專屬的職責與組織。

3）擴大對外招聘

　　三星實施公開招聘制度之後，以內部培育為中心來管理人才。亦即，配合高中或大學剛畢業之學生的畢業季，大規模採用新進員工，透過其相互競爭填補高職級人員。這種以內部培育為主的人力管理結果，造成了目前大部分關係企業的社長們都是經由公開招聘，從基層職員開始工作的人。

　　然而，以內部培育為主的人力管理，如前所述，自三星踏入半導體事業時，開始進行了修正。三星電子方面，在

一九九三年，六百六十一名新職員雖然全部都是公開招募的新進社員，但在二○一二年，全體新職員當中，由外部引進的人才約達30％，顯示其內部人力市場已經開放了。有經驗員工的聘用比例日益升高的原因，在於三星的新策略，必須迅速調配過去無法充分掌握之技術、知識與能力才行。

如此由外部引進的大部分人才，都集中在高級行銷、設計、管理及研發人才。在技術發展的不確定性高且變化神速之狀況下，為了比競爭者更早推出搭載最新尖端技術的差異化產品，必須招聘具備內部無法擁有之技術與知識的人才才行。

4）人才之全球化

三星為了達成全球超一流企業之願景，成為在尖端領域主導技術之企業，積極從事全球人才之確保與培育。事實上，在李健熙會長就任前，具備了解海外市場知識的韓國員工不多，外國專業人才亦少之又少。

然而，根據新策略與願景，必須在全球補足了解當地情勢的人才，於是三星開始同時推動國內人才全球化，以及積極培育與運用外國人才。以下我們將探討在三星實際運用的各種方案中，最能呈現三星核心人才管理特性的地域專家，以及外國核心人才運用方案。

培育地域專家

三星推動集團全球化的核心手段之一，是對海外地域具有正確的理解，能從國際性眼光來判斷與行動之全球化人才，冠以地域專家之名，自一九九一年至二○一三年為止，培育了五千名以上。從入社第三年開始到課長級職員當中，選出具有基本語文能力，並能接納文化多樣性而具備彈性思維的人才，

派遣至海外進行為期一年的自由放任式研習；派遣期間，不光是薪水，甚至教育費與居留費等等，都由公司全額負擔。

　　培育一名地域專家所花費的費用，雖然在不同國家、不同時期均不相同，但大部分都在一億韓圜左右。這種地域專家制度早期受到許多高階主管及幹部的反對，因為部門主管們不希望有能力的人才中途脫隊，而且所需費用也不是個小數目。然而，由於李健熙會長的意志十分堅定，地域專家才得以培育而成。

　　三星所培育出的地域專家扮演著三星全球化尖兵的角色。在三星電子方面，地域專家出身的人才約60％都常駐在海外或從事海外相關業務。有別於競爭企業的海外常駐人員往往無法熟練地運用當地語言，主要還是使用英文；三星的海外常駐人員基於對當地有更深入了解，會使用當地語言，並且活用在地域專家時期與當地有力人士維持良好的人際關係，因此，地域專家可說是扮演著將三星電子製作的產品快速流通至全世界，宛如基礎建設般的角色。

　　以三星電子為例，每年選擇一百五十多名人才作為地域專家，決定好各人要去的國家後，在三星人力開發院裡接受十二個星期的密集集訓，主要是針對派駐國語言與文化之相關內容。訓練結束後，隨即派至該國，但是家人無法一起前往，這是由於單獨前往，才能更快地適應派駐國的語言與文化，學習得更快。奉派之後，取代一年間的工作任務或教育義務，是必須學習該國語言與文化、市場特性、當地主力企業的商業習慣等等，設計自我開發計畫並予以落實。通常剛開始前六個月期間是在該國旅行，結交當地朋友，學習當地語言與文化，後六個月期間則是執行與自己選擇業務相關的計畫。三星方面，提供筆記型電腦與數位相機，請他們記錄當地相關之有用資訊與知識並

上傳至三星的單一知識管理入口網站，藉此累積對全世界各地區的龐大資料；自二〇〇〇年開始，在三星內部網站公開，三星全體員工在從事海外相關業務時，都能尋找到當地相關之各種資訊，以提高業務的正確度與速度。

地域專家有助於三星工作方式的轉變。從這個計畫完訓的人才，在公司總部或事業部、海外法人公司裡擔任核心業務，結合傳統三星的經營模式與當地的經營模式，或是修正三星的經營模式使其符合當地現況，而找出新的經營模式。三星以這種方式在全世界實驗不同的替代性經營方案，尋求最佳管理方式。

以三星電子為標竿的日本或美國經營者們，非常羨慕地域專家制度，稱讚其為三星電子競爭力的重要來源，但卻沒有實際模仿及實行的企業。這是由於短期內費用花費龐大，要長期才能見到效果，任期短的專業經理人們並不樂意引進此種制度。就此層面的意義上而言，三星的地域專家培育制度可說是家族企業主站在長期觀點上的投資，成為競爭力關鍵的最佳事例。

擴大聘用國外專門人才

三十多年前聘請日本顧問而展開的國外專門人才引進，對三星的全球化具有相當大的貢獻。由於引進這些人才，三星得以迅速地確保技術，進而超越先進競爭企業。

三星自一九九七年起，設立了未來戰略集團（Global Strategy Group），開始選拔剛從海外一流管理研究所或剛取得博士學位的外國人。先前雖然也曾選拔外國人作為核心人才，但因上層主管的英語實力不足，無法充分活用這些人的能力，他們也無法與韓國同事融合共事，因此離職率很高。以此經驗為基礎，李健熙會長指示設立僅由外國人組成的未來戰略集團，

他們的主要角色是提供有關海外市場調查、事業部的海外進出等等社內顧問諮詢工作，偶爾也參與作為海外先進事例標竿的一員。

為了避免未來戰略集團與該集團總部的未來策略室混淆，從二〇一一年起，更名為全球戰略室。在全球戰略室裡工作兩年的職員們，大部分會被安排在韓國各個不同功能別的部門裡待三年，然後可能會被派往包含自己母國的海外法人公司。

三星電子方面，為了謀求迅速全球化，以全球戰略室出身人才的成功運用經驗為基礎，要求選拔更多人力作為全球戰略室的一員。此外，並且要求外國員工在全球戰略室裡實習兩年或是一年，然後再安排到三星電子裡。每年愈來愈多全球戰略室出身的人被安排到三星電子，與他們一起工作的韓國員工們一邊學習外國人的業務執行風格與思維方式，一邊面熟悉西方管理模式。

在三星內部，全球戰略室的設置與經營被認為非常成功，而成功的第一個主因是李健熙會長的強烈意志。在經營未來戰略集團的初期，員工離職率既高，對業務幫助亦不大，加上費用很高，很多人強烈建議應該予以廢除，但李會長指示，離職率愈高，選拔人才要愈多，堅持持續此一計畫。第二個主因是三星集團的全球知名度愈來愈高。在一九九七年時，即使為了召募人才而拜訪一流的企管研究所，但沒幾個學生感興趣，而現在舉辦就業博覽會時，講課教室總是人滿為患。

此外，三星大幅增加了在韓國工作的外國員工數，他們主要是在研發與工程部門工作。三星電子方面，在韓國工作的外國員工來自五十五個國家，約一千兩百多名。三星電子在創立初期，聘用了很多日本工程師，二〇一三年的現在，仍有許多日本工程師在韓國工作。此外，從俄羅斯、印度、中國等擁有

低工資且優質人才的國家當中，聘用許多研究人員到韓國投入研發工作。從這些國家以好條件吸引卓越人才是輕而易舉之事。三星從這些國家的一流大學前 5％的理工科系學生中選拔人才，無條件提供學費，下了不少功夫。

三星為了讓在韓國工作的海外專業人才能夠適應韓國，在許多方面都相當用心。專門負責幫助外國人的組織「Global Help Desk」即為代表性事例。不僅專責人員二十四小時待命，從本人到家族成員遭遇到的疑難雜症均加以解決。連地區內的餐廳亦準備了素食主義者或回教徒所需的各式菜單。

三星也在海外設立研發中心或設計中心，以確保希望在自己母國工作的核心人才。光是三星電子，便在美國、日本、印度、俄羅斯等海外十二個國家設置了二十七個研究所，擁有超過兩萬名的海外研發人才。在海外設立研發中心雖然也有可迅速吸收當地開發之知識的意圖，但也是為了吸引不想離開母國的當地卓越人才至三星工作而鋪路所致。

5）績效導向之報酬與升遷

三星為了推動市場領導者策略及事業結構高值化，確保所需之人才及增進員工們的業務動機，大幅修改在新經營革新前所使用過的評估與報酬制度。透過以實績為主的評估、對績效之特別報酬、拔擢人事等面向，針對高績效提供短期的報酬，刺激員工們的業務動機。此外，透過年薪制度與對核心人才的特別報酬，依據不同人才提供差別化報酬，形成可以選拔核心人才的基準。為了彌補個人績效制度的缺點，引進團隊績效制度，包括生產力獎勵金與獲利分紅制，誘導所有員工們能為了提高公司績效而通力合作。此種評估與報酬制度的修正，基本目的在於促進關係企業間、事業部之間、員工彼此間的合作最

大化，同時盡可能刺激他們之間的競爭，以提升其業務動機。

績效主義：報酬與升遷政策的基準

　　新經營革新之前，在關係企業創造高獲利的當年，雖然年終獎金會大幅上揚，但卻沒有做出針對關係企業或事業部的績效評估與相關公式化的報酬制度。三星在新經營革新之後，為了讓所有單位能展開激烈競爭，在需要合作之處能夠徹底通力合作，因而修正了評估與報酬系統。三星依據關係企業、事業部、小組、個人水準而制定業績評估標準。在業績評估方面，同時運用評估目標達成度的絕對評估方式，以及相對地比較彼此績效的相對評估方式，評估結果對該職員的升遷、任命、年薪、分紅等具有決定性的影響。評估與報酬方面，啟動徹底的績效主義，同時誘導展開熾烈的內部競爭與合作。

報酬政策

　　在三星，報酬端賴於徹底的績效主義，根據評估結果，報酬差距亦相當之大。三星式報酬系統最重要的特色，包括差別化的薪資政策、對績效與能力的特別報酬、強力的團隊績效獎金等。

a. 差別化的薪資政策

　　三星是南韓同性質業者當中，提供最高報酬之企業，因而頗受好評。這是由於三星認為提供比競爭公司更高的薪資才能選拔到想要的人才，使員工能確實工作並做出績效，三星認為這就是利益所在。目前南韓大學生們最想去的公司首選為三星，原因之一就是因為薪資水準高。

　　三星員工們的薪資水準也比南韓國內其他大企業高。不僅

固定薪資高，還提供了優厚的績效主義式的報酬，員工們最多可以獲得達年薪50％的分紅，還有可能再加發生產力激勵金。

b. 對績效與能力的特別報酬

　　三星對於具備能力與績效的員工，提供特別報酬，例如核心人才激勵、年薪制等等。核心人才激勵是為了確保並維持核心人才並賦予其工作動機。這種誘因是提供給為了成功地推動事業必須要延攬的人才，以及一旦中途離開公司，可能會導致事業推動時遭逢相當大的阻礙的在職員工。從入社開始，招聘成為核心人才的人，以及現有員工當中，數年間連續獲得最高考績等級的人，可以獲得此項激勵金。因此，三星一般員工們為了成為核心人才，或已經是核心人才的人，為了繼續留任為核心人才，都會認真地執行業務。

　　三星在一九九八年全公司引進年薪制，這是依據考績結果，決定翌年年薪之制度。年薪制引進的結果，即使是約聘，在同一等級內，年薪差異可能高達50％的水準，加上後來引進的核心人才激勵制度，至少可以避免因為薪資問題而導致核心人才流失的情況。

c. 團隊績效獎金

　　三星根據兩種團隊績效來提供報酬。第一是生產力激勵金，另一種是績效獎金。簡稱為 PI（Productivity Incentive）的生產力激勵金是綜合考量關係企業、事業部、小組的考績來支付的集團績效獎金。員工每年最多可獲得的生產力激勵金，相當於本人基本月薪的300％，針對公司方面，採用經濟附加價值（Economic Value Added）、每股獲利率、核心人才確保與維持等等，作為其評估基準；針對事業部方面，則以代表經濟附加

價值與資產周轉率的財務評估占 60~70％，核心策略指標之達成程度占 30~40％的比例來反應。至於部門與小組方面，則依據小組的業務內容而使用相符的評估基準。針對上述績效獎金，是採取每六個月完成評估，以目標達成實績為基準的絕對評估方式。

三星集團自二〇〇〇年起，引進績效獎金制度。關係企業以創造經濟附加價值為基準，以規模龐大的三星電子而言，便是採取依據事業部創造的經濟附加價值，給予所屬員工報酬的方式。三星將事業部所創造出來的經濟附加價值的 20％作為財源，甚至可提供個人達其年薪 50％的獲利分紅。

為了引進此一制度，三星主要標竿對象是美國的惠普公司。惠普的績效獎金支付上限，是年薪的 20％，而三星支付到 50％，此點是相當破天荒的作法。就三星電子而言，初期是根據整個事業部的績效來給予績效獎金，但績效差的部門，不滿聲浪大作，於是自二〇〇六年起，根據三星電子整體績效，給予最多達年薪 11％的獎金，自二〇〇九年起，比例上升至 20％。

升遷政策

為了成為三星的高階主管，必須通過長期的考驗過程。除了績效之外，工作態度、人際關係、組織管理能力、事業失敗事例等，都是審核項目；甚至連私生活檢點與否，也是調查項目，意謂著通過如此徹底驗證的人，才是三星要拔擢的人才。

三星抵制根據利潤分紅而出現的關係企業利己主義以及事業部利己主義，為了讓他們彼此之間互相合作，針對關係企業社長與高階主管們，活用精神性評估結果。將只追求個人所負責的關係企業或部門利益，而損及集團整體利益之行為，反映在人物調查書的精神性評估中，以進行管控。

在新經營革新之後，三星為了拔擢人才，擴大並執行超越階級的升遷制度。舉例來說，將績效卓越的人由次長級升遷至常務等職級，提早使其進入經營團隊，以發揮其最大的能力。為了拔擢此等人才，也持續縮短對工作年限的要求，過去必須連續工作三年以上才能接受Ａ級以上的人事考核，但現在這種條件已然消失無蹤。三星拔擢人才的規模日益擴大，近來維持著穩定的水準。

現在的三星，採取徹底的績效主義升遷政策，為了升遷，個人必須擁有高業績，同時個人所屬的部門亦必須擁有高績效，這是為了賦予實績好的關係企業或部門裡的員工更好的升遷機會。在高階主管方面，業績不振的部門或關係企業的高階主管大批下台，其職位由業績好的關係企業或部門的高階主管取而代之。同時，對品性的評估亦非常重要。對於行為不檢的員工或對三星所追求之願景或核心價值不表贊同的人，即使能力再怎麼優秀，也排除在升遷對象之外。

三星積極排除除了能力與品性之外，其他諸如地緣、學緣、血緣等會影響員工升遷的各種因素。因為人事政策一旦失去公平性，有能之人的業務動機會因而一蹶不振，結果導致企業競爭力下滑。

3. 經營管理──同時建構微觀管理及宏觀管理

三星的經營策略依據經營情況而實施。在此針對三星在實施經營策略的過程中，可說是其所運用到的經營管理之特色，也就是同時建構微觀管理與宏觀管理，並且依據數據管理這部分來加以說明，探討三星核心經營流程之特徵。另外，也將一

併說明針對協助此種經營流程，得以迅速且正確實施的三星 IT 基礎建設。

1）微觀管理及宏觀管理並行

　　新經營革新之前，三星是重視微觀管理的企業。但在經歷過新經營革新後，從追求微觀管理到宏觀管理，從以經營效率性為中心的經營，轉變為以策略為中心的經營的同時，微觀管理的性質也做了部分修正。從會長到基層員工，若是所有人都要負責處理枝微末節的小事，可能會錯失重要的事業機會，工作現場的自主性、創意、挑戰想法也會式微。李健熙會長之所以會強烈主張「以宏觀管理與策略為中心之經營」正是因為這個理由。

　　但也不是因此就廢除微觀管理，李會長只對負責關係企業經營的高階經營團隊要求宏觀管理與策略性思考，並不會要求所有組織成員都要具備宏觀管理與策略性思考。反而新經營革新強調的以品質為主的經營，促成了強化工作現場之微觀管理。也就是說，以高階經營團隊負責宏觀管理與策略性管理，中低階管理職與工作現場則更強化微觀管理的方式來分工合作。

　　三星依舊維持著過去視為競爭力重要關鍵的微觀管理，同時強化適合宏觀管理的經營策略。一方面追求具有日式經營方式優點的微觀管理，另一方面則追求美式經營方式優點的宏觀管理，三星因而得以成為國際型企業。

2）數據管理

　　三星向來是根據合理追求之精神，以非常具體的數據來進行決策與管理，而非依據員工們的直覺，或是曖昧模糊及抽象性的目標。所有國際型企業雖然都是基於數據來下決策，但是

三星執行得更為徹底。雖然李健熙會長偶爾似乎是以直覺在下決策，但是三星的專業經理人們，事實上都是在充份熟讀無數的相關數據與資料後，才進行決策。此外，重要的投資決策，同樣會以數據為根據，由關係企業及未來戰略室一邊激烈討論，一邊來驗證相關提案。

三星經營管理之演變

	新經營之前		新經營之後
管理方式	微觀管理	高階管理層：宏觀管理；低階管理者：微觀管理	宏觀及微觀管理並行
核心流程	重視製造效率	以客戶為中心之全球營運中心（GOC）	以客戶為中心
資訊系統	分散式資訊系統	G-ERP、G-SCM	全公司整合之系統

　　三星電子所擬訂的生產、銷售、營運計畫，最能顯現出三星的數據管理（management by data）特色。三星電子為了掌握及蒐集必要的數據以制定產銷計畫，進行了大規模的投資。藉由對 ERP、SCM 的超大型投資，三星幾乎可以即時掌握全球各地區的庫存、主要賣場的銷售量、工廠的生產能力、財務及管理會計資料等，並且每週制定一次全球生產及銷售據點的產銷計畫。因此，相較於欠缺此一資訊系統的 SONY 或 Panasonic，三星可以做出更正確的決策。尤其是有別於競爭對手每月才進行一次營運相關決策，三星是每週進行一次，因此可以更快速適應市場需求，也能夠更快速地修正錯誤的決策。針對此一部分，本書將在後續有關全球營運中心的部分，進行更詳細的說明。

　　另一個顯現三星式數據管理的例子，是在三星所活用的「策

略部署（policy deployment）」。這是將為了達成目標的手段予以具體化，制定成現場業務負責人容易理解的目標，並且評估目標達成與否的方法。例如，提升客戶滿意度的策略，對在工作現場的員工而言，可能有點模糊不清，究竟要做什麼及如何做都不夠明確。三星為了加以落實策略，持續找出滿足客戶的下一層決定性關鍵因素，倘若相關事業的客戶滿意度取決於低價、高品質、短交期，那麼客戶滿意便以這三項做為具體政策來展開。更進一步來說，為了達成高品質而去尋找出其關鍵要素，因而設定了「員工缺勤率不到1％」、「設備故障率不到5％」等目標。如此一來，主管該做的事情就變得很明確，業務負責人也可以依據具體的數值來管理考核事情是否確實執行。

還有一個代表性的案子也能展現出三星的數據管理，那便是「六標準差（Six Sigma）」。所謂「六標準差」是指生產百萬個產品或服務時，只出現三、四個以下的不良品之經營革新活動。在一九九六年三星SDI率先導入六標準差之後，便陸續擴散至三星集團的所有關係企業。三星電子則是在一九九九年十月開始推動六標準差，訴求製造出「最好、最便宜、最快速」的產品，目的是找出製造過程中造成浪費的重要因素，並且加以去除。為此，三星在公司內部組成「六標準差學會」，系統化的培育相關人力，將整個生產製程置於原點重新檢討，使得製程得以縮短，並且提升了兩倍以上的生產力。

三星電子所實行的六標準差具有兩項特色，一是與合作廠商同時推動，促成產品不良率最少化，二是由財務管理部門在事後驗證各個課題的執行內容，是否與財務績效連結，以避免只是為了課題本身執行而執行，亦即徹底排除只是做表面功夫的弊端。相較於六標準差本身所產生的成效，在執行過程中，將公司內部所有流程予以數據化及統計化這一點，更具有意義，

因為這是三星所謂「數據管理」的基礎所在。

3）核心經營管理流程

　　為了解三星的經營管理方式，本書將檢視三星所活用的五大核心經營管理流程。以下將以三星電子為例，說明新產品開發流程、零組件採購流程、產品製造流程、物流流程、行銷／營業／服務流程等五大核心流程。這些核心流程是基於業務執行過程的單純化、增進業務處理速度、以客戶為中心的企業營運等目標所建構而成。

新產品開發流程

　　三星電子新產品開發流程的最大特色，在於其從新產品企劃階段開始，不僅是研發部分，包括行銷、商品企劃、設計、生產、採購部門等等，都同時參與，進行緊密合作。視情況的不同，三星內部生產核心零組件的關係企業、零組件供應商、諸如百思買（Best Buy）及美國電話電報（AT&T）或威訊無線（Verizon）等超大型客戶，也會參與新產品開發。三星電子的新產品開發的出發點，便是客戶需求。三星以去除及減少不必要的功能，依據客戶基準來創造新價值為基調，率先設計出值得客戶喜愛的產品造型（design），之後再進行產品之零組件開發。透過此一流程，三星可縮短自商品企劃乃至產品量產所需時間，確保產品開發之成本競爭力，並且開發出徹底反映客戶需求的產品。

零組件採購流程

　　三星電子的零組件採購流程之特色，在於透過其本身的入口網站，與核心零組件供應商分享資訊，藉由緊密的合作，適

時確保具有競爭力的零組件。三星電子建置了包括與電子領域關係企業及核心供應商的複合型網絡園地，可以適時採購零組件，也能夠達到降低運輸費用的效果。三星電子建立了與 SCM 系統連結的採購資訊系統，使得合作廠商可以在製造產品的三個月前，便能得知三星電子將生產之產品的細目、時期、數量等資訊，達到資材的適時採購及減少零組件庫存的效果。

　　同時，三星在組裝生產線方面，實施著產品生產三天前確認生產計畫的「三日確認體制」。雖然供應商從提供零組件的二十週前，便會收到潛在生產計畫的通報，並且進行準備，但是依據三日確認體制，三星電子的生產計畫一經確認，就會收到零組件供貨指示，因此，生產計畫執行的同時，也會依據零組件需求來按時供應零組件，有時，零組件供應商也會共同配送零組件。

　　三星電子不僅採購集團內部所生產的半導體、顯示器面板、相機模組等核心零組件，連過去集團內部不曾生產過的零組件或材料，也有一定比例是在集團內部採購。這是為了累積三星內部能力，以找出提升生產力或降低成本的方案，並將此傳授給合作廠商，以提升整體價值鏈之競爭力。

產品製造流程

　　三星電子的製造競爭力是其產品競爭力非常重要的根源，而其出發點便是三星建置的 SCM 系統及事業部別所推動的全球營運中心（Global Operation Center, GOC）。由於三星的銷售及生產計畫採取以二十週為一個循環的方式，因此，進入生產前的二十週，便要擬訂計畫，然後進入每週調整一次的流程；而且，在每週二下午召開的全球營運中心會議中，將會訂定各工廠別的生產計畫，或是進行部分調整，在產品生產前三天，則將確

認各工廠及各生產線上，每個作業員應該生產的產品種類及數量，這便是前述的三日確認體制，由於之後若是生產計畫有所改變，將造成協力廠商相當大的混亂，而導致價值鏈的效率大打折扣，因此，此一體系運作得相當嚴謹。

三星在訂定產品生產種類及數量時，是以滿足各營業據點的需求為原則。由於若將全球七十餘個工廠可生產量，以及七十餘個營業據點可銷售量，均視為可變更之變數，將難以得到解答，因此，還不如以無條件製作出業務部門所要求的數量為原則。然而，最重要的基本哲學則是徹底依循市場及客戶需求。在此原則之下，使得三星得以在此流程運行六個月後，便可供應營業據點所需求數量的80％，站在營業據點的立場而言，為了避免自己所要求的數量變成庫存，將更努力的預估出可銷售的正確數量，因而在供需方面，可以產生降低虛報數量的效果。

在生產方面，三星將「正正當當」視為重要格言，這意謂著產品的既定產量，必須在既定的時間生產，而當日生產的產品，必須當日出貨，因此，三星很快地達成了既定產量在當日生產的目標。但是，由於發生了增加加班費的問題，所以隔年起便將減少額外加班費當成重要的評估指標進行管理，這使得三星提升了在既定時間內生產既定數量的比率。

在產品製造流程方面，三星電子的特點在於可依據產品別的需求變數來快速調整生產量。為此，三星活用傳統的輸送帶（conveyor belt）概念，減少對生產系統的依賴度，積極導入及運用新的生產方式。例如，在同一條生產線上，可混合生產方式，以及運用諸如堆積木方式快速重新調整生產線的「樂高式生產方式」，還有，一名作業員可組裝所有零組件，進而生產出終端產品的單元生產（cell production）模式等。

在手機組裝方面，主要活用單元生產模式。這種方式的優點是熟練的作業員可以生產許多產品，不熟練的作業員則可生產較少的產品。由於作業員的獎勵是依據個人生產量乘以不良品加權值所產生的數值，所以作業員們將會竭盡全力地培養自身的組裝能力，在上班時間內埋首於工作。由於三星是依據各個作業員的組裝能力訂定其生產量，因此，每小時所生產的產品種類可能有所不同，而生產工廠內所設置的機器人，則提供符合作業員之生產時程所需組裝的零組件。在整合生產系統中，則依據個人別所輸入的生產計畫，供應及區分零組件，由於是依據自動化系統來提供零組件給個別作業員，因此，相較於大量依賴人工之競爭者的代工廠，三星的生產力及良率都更具優勢[3]。

三星之三日確認體制

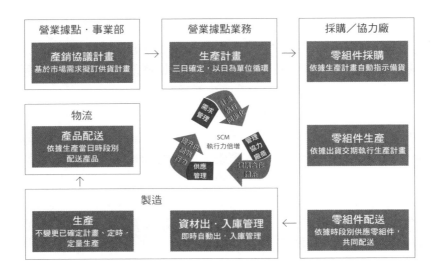

物流流程

全球整合性是三星電子的物流流程特色。三星將其在全球營運中心所取得各工廠別、產品別產量及營業據點應入庫的產品總量，依據時段別進行判定。此外，提供零組件或資材的業者，其交期也依據時段別來決定，亦即在全球營運中心決定所有物流相關的時程計畫。

三星電子的物流大致可區分為兩大類。一是在工廠將所生產的產品配送至營業據點或主要客戶的物流。三星電子除了在南韓之外，在美洲、中南美洲、歐洲、非洲、中東、西南亞、東南亞、中國、日本等地，均設有區域總部，各區域總部之下設有各別的物流據點或物流專責部門，進行物流管理。各區域總部的物流量，大部分是由同一個業者負責，其餘則由多數的業者分享。例如，三星美洲地區選擇洋基通運（DHL）做為主要物流業者，負責該區域內大部分的物流量。從生產工廠至營業據點，乃至客戶的物流，將依據相關的物流路徑（route），活用最具競爭力的業者。為了挑選業者，三星電子將全球的物流量合併起來，讓物流業者來參與競標，藉由全球整合型契約以降低費用。

其二是從供應零組件或資材的一線供應商，配送至工廠。由於一線供應商們是依據時段別的生產計畫來供應零組件及資材，不是以日期，而是以時間為單位來交貨，因此可以將零組件或資材的庫存量降至最低，並節省倉儲費用。過去，由於三星電子由個別供應商供貨的數量並不多，因此是由協力廠商各自選定物流業者來負責配送，最近，三星正試圖針對供貨量大的業者開始，進行整合性的物流管理。

行銷／營業／服務流程

三星在行銷、營業、服務流程方面的特色，包括與主要客戶的緊密合作、與廣告公司的合作、與流通業者的合作，以及依據客戶別的特性來展開營業活動等等。由於三星電子是與主要客戶共同開發新產品，因此有助於使主要客戶所銷售的產品具有競爭力。以手機的情形而言，蘋果公司並不會依據電信營運商的需求來更改產品規格，但是三星則會依據大型電信營運商的需求，變更產品規格或是生產新產品來供應，藉此提升客戶滿意度。此外，為了提升品牌印象及廣告的一致性，三星將原本超過五十五個的海外廣告商統整為一，並且從產品開發起，便要求其參與。零售商方面，則是集中進攻諸如 CompUSA、Best Buy 等專門賣場，並且也在產品開發過程中，便要求其參與其中。此外，三星也導入客戶關係管理系統（Customer Relationship Management, CRM）系統，與客戶進行資訊交換，並且推動符合個別客戶特性的客制化營業活動。

最近，隨著 SCM 專責組織的能力增進，提供了核心客戶流程改善諮詢服務，以尋求三星電子與客戶的雙贏，顯現出將客戶綁在三星電子的效果。

三星電子透過前述的五大流程，以市場及客戶為中心來統籌運用 SCM 系統。若是各個流程單獨運作，即使個別流程能快速操作，也不可能達到全公司層次的優化。由於三星電子將核心流程進行整合運用，所以可以快速的開發及銷售客戶想要的商品，縮短從產品企劃乃至問世的時程，減少零組件及終端產品的庫存等效果。

三星電子將銷售、生產、新產品開發資訊等，利用 SCM 系統進行整合，每週做出營運決策；有關銷售部分，業務部門將未來二十週以週為單位統計地區別、產品別的可能銷售數量，

最近一週的銷售計畫則在此時確定，此即所謂的銷售能力指數；有關生產部分，則由各個工廠別統計二十週期間的生產可能指數；有關新產品開發則統計新產品開發時程、產品的屬性等等。三星為了整合這些資訊，設立了全球營運中心（Global Operation Center, GOC），並且訂定了三項指標，包括將從生產單位到銷售部門的需求被滿足情形（Return to Forecast, RTF）、新產品開發部門所開發的產品何時可以移交給生產部門（Shipment Release Approval, SRA），以及開發好的新產品何時可移交至銷售部門（Return to Sales, RTS）等指標，以便進行管理。

三星電子的供應鏈管理（SCM）概念圖

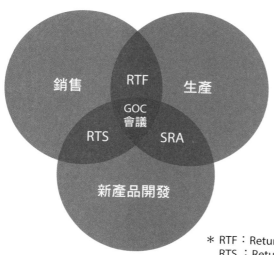

* RTF ：Return to Forecast
RTS ：Return to Sales
SRA ：Shipment Release Approval

在全球營運中心的會議中，考量全球各銷售部門別的庫存及銷售預測數量，以及全球生產組織別的產品生產能力，訂定各個工廠所生產的產品種類及數量，以及將哪一個地區的庫存供應給其他地區，哪一個工廠所生產的產品供應多少給哪一個銷售部門等。由於這個會議是以事業部別為單位，定期在每週二下午召開，全球的相關事業部別幾乎都能以即時的資訊為基礎，進行協調及整合。

會議是在事業部的最高營運長（Chief Operation Officer, COO）的管轄之下，由全球各地相關事業的主要負責人以視訊會議的方式參與，而且相關事業部的所有員工，凡是有興趣者皆可參加，這是為了讓年輕人可以學習到經營團隊如何做出決策，以及各個組織間的矛盾如何協調。因此，三星將SCM及GOC視為創造競爭力的重要來源，並且系統化的進行管理。

4）IT基礎建設

三星致力於資訊基礎建設革新，在提升網路的正確性及速度方面，投注相當多的心血。在新經營革新之前，由於關係企業別、事業部別各自採用不同軟體的資訊系統，因此彼此間無法達成快速的資訊共享，業務處理速度也無法加速。為了解決這個問題，在新經營革新之後，三星建構了所有關係企業共通的資訊系統。所有的關係企業均導入企業資源規劃（ERP）系統，以三星電子為中心的一部分關係企業，還建構了供應鏈管理（SCM）系統。

尤其三星電子透過大規模的投資及持續性的改善，建構了全球最高水準的SCM系統，並且以此為跳板，提升其競爭力。從一九九四至二〇〇一年為止，累計動員了三千五百名IT專家，投入了七千億韓圜左右，建構了ERP及SCM等資訊系統，之

後每年還投入四千億韓圜的維修費用。三星電子由於建構了全公司整合的 IT 架構，凡是價值鏈上的相關成員，都可以快速的共享正確的資訊，而且全球所有子公司的生產、銷售、庫存、債權、物流等核心經營現況，幾乎都可即時掌握。總公司可以在二十四小時以內，將這些資訊告知海外當地員工，使效率極大化，而海外法人在完成營收及損益結算的瞬間，總公司也可以立即得知。當然，全公司的合併營收及損益也可以同時掌握。

三星電子之資訊系統概要圖

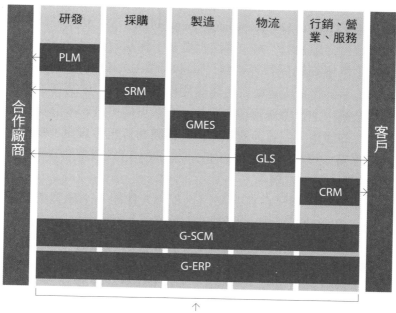

* PLM：Product Lifecycle Management
 SRM：Supplier Relationship Management
 GMES：Global Manufacturing Execution System
 GLS：Global Logistics System

三星電子目前所運用的資訊系統概況，整理如上圖所示，其資訊系統由五大核心流程所組成，為了整合這些流程，主要活用 SCM 及 ERP 系統。

　　為了這些資訊系統的順利運作，不可或缺的便是被喻為三星電子之魂的主資料系統（Master Data System）。所有的產品、零組件、工廠、營業據點、零組件供應商、客戶、設備、會計科目等，都被賦予一個固定編號，讓系統使用者可以輕鬆的搜尋及判別，以提升系統運用效率。三星電子在系統建置初期，將原本九十萬個基準資訊及編碼（code），降低至二十萬個。而且為了持續整頓諸如生產製品、採購零組件等變化頻仍的經營資訊，也投入了許多費用。

　　第一個流程是為了新產品開發所採用的「產品生命周期管理系統（Product Lifecycle Management, PLM）」，這部分將於第七章進行詳細說明；第二個流程是為了採購而活用支援協力廠商的「供應商關係管理系統（Supplier Relationship Management, SRM）」，此系統有助於將零組件採購、供貨、申請貸款等在電腦系統中進行總籌管理。此外，有關可使用於新產品開發之零組件的價格、品質等資訊，以及推薦的零組件資訊，則是在 PLM 系統中提供，以便在新產品開發時，可以預先推估所開發之產品的成長及品質。

　　第三個流程是在產品製造過程中，採用「全球製造執行系統（Global Manufacturing Execution System, GMES）」。此系統是以週為單位來掌握各個工廠別的供應能力指數，以提供給 SCM 系統。透過全球營運中心（GOC）擬定工廠別、生產線別、作業人員別的生產時程計畫後，再藉由物料需求規畫（Material Requirement Planning, MRP）系統，計算出零組件需求，傳達給零組件供應商，核定細部製造工廠別的業務量及時程，而工廠

及生產部門則據此進行產品生產。

第四個流程是為了物流而採用的「全球物流系統（Global Logistics System, GLS）」。三星電子藉此與物流業者共享物流需求資訊，以提升物流速度。物流業者透過這個系統，從零組件業者方面蒐集到三星電子工廠間的物流情報，以及從三星電子工廠乃至營業據點的物流情報，甚至是從營業據點到消費者間的物流情報，以擬訂物流計畫進行配送。亦即，活用此一系統來掌握三星電子時段別的生產計畫，在其所要求的時間內，準時配送所需零組件，製造完成的產品，也可以在當日送達客戶或倉庫中。全球物流系統有助於降低零組件及成品的庫存，縮短產品生產時點乃至銷售時點之間的時間差。

第五個流程則是為了行銷、營業、服務而採用的「客戶關係管理系統（Customer Relationship Management, CRM）」。此一系統主要運用於營業據點與主要客戶的連繫，主要客戶透過此系統取得三星電子的營業據點所銷售的產品資訊，依據預估需求來下訂單，三星電子則蒐集客戶別特性的相關資訊，依據客戶別進行差異化行銷。

上述五個系統中，除了 PLM 系統之下，其餘四個系統都具備可與三星電子的工廠、生產線、零組件供應商、營業據點、客戶進行連結的功能。三星電子的 SCM 系統可含括所有產品的開發、製造、品質、物流、行銷、銷售、售後服務等所有價值鏈相關部門，具有相當完整的架構。在此一系統中，零組件供應商與三星的其他電子關係企業、子公司、海外法人、分店及代理店全部連結在一起，凡是運用此系統進行決策者，皆可掌握近乎即時的必要資訊，例如，目前美國哪個賣場賣了多少產品，還有多少庫存，以及庫存何時將會告竭，在總公司都可以得知。三星電子在二○○二年完成了南韓國內及海外法人所有

部門的全球 SCM 系統建置，在每週二舉行的 GOC 會議中，活用 SCM 系統，下達生產、銷售、物流等相關決策。

若說 SCM 是支援決策的系統，則 ERP 則是支援將決策內容加以落實的系統。ERP 系統是將採購、生產、銷售等物流功能，以及會計、資金管理、投資等財務功能，整合為一的電算系統，藉此將可改善業務流程、降低庫存及縮短交期。三星 ERP 系統的建置完成，也成為其推動財務系統創新的契機。

二〇〇三年一月，三星完成了全球所有生產據點及營業據點間的商業流程整合為一的「全球交易自動化系統」。這套被稱之為「全球貿易網絡（Worldwide Trade Network ,WTN）」的系統，將各別公司的 ERP 系統以網際網路為基礎進行整合，藉此使得各個據點間的交易自動化，以及即時共享經營核心事項變為可能。此外，從下單到生產的前置期（lead time）也大幅縮短，接單的正確度亦明顯提升，同時，透過各個據點間的系統標準化，也可以避免錯誤及浪費的情形。全球各個據點間的整個流程，也能快速及正確的掌握，並能確保各個據點間的交易透明性。在二〇〇八年，三星建構了將世界各地所有海外據點的財務、物流、庫存等進行整合管理的全球 ERP 系統，使得原本必須花費一週以上來製作的合併財務報表，得以在兩天之內完成。

4. 價值與文化──以危機意識為基礎之第一主義

三星的價值與文化可以區分為三星所憧憬的核心價值，以及目前成為三星經營骨幹的主導性文化來剖析。追求價值係指三星經營團隊對三星未來樣貌的期盼，主導性文化則可說是三

星的目前樣貌。

1）核心價值

三位一體的價值體系

三星透過在集團層次公開招募，並針對招募而來員工的持續教育訓練，以及以內部為主的人力運籌、錄用、評價、激勵、升遷、解雇決定時，是否反映核心價值涵養及實際執行，活用同質性的人力，得以形成了強勢的企業文化。新經營革新之後，三星追求開放性的人事制度，運用了更多女性人力，為了達成所謂全球超一流企業的願景，雖然增加外國人力的比重，不過其宣揚強勢文化的政策依然殘留至今。

隨著未來所追求願景的改變，三星也將素來強調的經營理念及精神進行微調。在一九七三年，三星選擇「事業報國、人才第一、合理追求」做為經營理念；到了一九八四年，三星集團的關係企業高階主管及幹部們齊聚一地，舉辦了整個集團的高階主管研討會之後，選出了「創造精神、道德精神、第一主義、完全主義、共存共榮」等五項做為三星精神。

三星在其宣布二次創業屆滿五週年的一九九三年，將此理念及精神，修正為訴求成為全球超一流企業的新願景。而符合新願景的新經營理念，則為「奠基於人才與技術，創造出頂尖的產品與服務，對人類社會做出貢獻」，並且選擇「與客戶同在」、「挑戰世界」、「創造未來」這三項做為新的三星人精神指標。

三星的三位一體價值體系

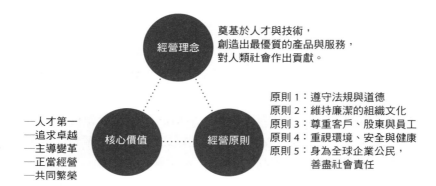

經營理念

奠基於人才與技術，
創造出最優質的產品與服務，
對人類社會作出貢獻。

—人才第一
—追求卓越
—主導變革
—正當經營
—共同繁榮

核心價值

經營原則

原則 1：遵守法規與道德
原則 2：維持廉潔的組織文化
原則 3：尊重客戶、股東與員工
原則 4：重視環境、安全與健康
原則 5：身為全球企業公民，
　　　　善盡社會責任

　　接著在二〇〇五年，三星因應外部及內部環境變化，將一九九三年所訂定的經營理念進行增訂，並重新調整了核心價值與經營原則，面對外部環境方面，訴求三星應該倡導因應全球日益深化的無止境競爭，並提升競爭力的文化，且隨著其社會地位的提升，必須不辜負外部利害關係人，履行企業社會責任，對於國際社會所要求的道德經營及環境經營，也要更積極對應；面對內部環境，則訴求應該避免由於國內外新員工的激增、外部引進之資深高階主管的急速成長，以及自律經營深化所導致的凝聚力下滑的情形。因此，三星調整了新的核心價值及經營原則，並於國內外發布，且以嶄新的核心價值及經營原則為基礎來推動組織運作，也要求高階經營團隊們必須據此來行動。三星基於其經營理念、核心價值、經營原則必須齊頭並進的含義，又將此稱為「三位一體價值體系」。

　　此種價值體系的最上位概念，便是一九九三年三星所訂定的經營理念，也成為三星存在的理由，以及前進的路徑，其內

三星的核心價值

人才第一

人才即公司全部
三星對人才的信任
三星相信具備一定能力
及潛力的優秀人才，為
翻轉世界的原動力。

追求卓越

始終追求卓越
三星運作意志之展現
三星的發展史是從國內
走進世界，由一流邁向超
一流，追求頂尖的歷程。
三星總是挑戰顛峰，致力
於堂而皇之的戰勝競爭
者，成為全球最出類拔萃
的企業。

主導變革

不斷引領變革
三星之做事方式
三星是將安於現狀視為
退步，追求無止境之變
革與創新的企業。
三星致力於成為引領全
球市場變化的企業。

正當經營

**每個人做事都
遵循正道**
三星人的決心
三星向來維持著沒有弊
端，廉潔的組織文化，在
商場上也正當的展開競
爭。三星將更加努力成為
持續獲得社會信賴的企
業。

共同繁榮

先替他人著想
三星之基本哲學
以率先考慮到「對客戶、員工、合作廠商、股東、國家、地區社會，
以及人類整體之利益貢獻」的共同繁榮之精神，落實分享經營、綠
色經營等企業社會責任。

容包括了最頂尖的第一主義精神，以及人才與技術為最重要的
投入要素，展現出三星的經營意識。

　　三星於二○○五年三月所公布的核心價值包括人才第一、
追求卓越、主導變革、正當經營、共同繁榮這五大項。人才第
一及追求卓越已深植於三星的組織文化中，並在三星成長過程
中獲得驗證，未來顯然也將持續成為其追求的目標。主導變革
雖然也是三星向來訴求的重點，不過是在李健熙會長就任之後，

持續強調及實踐之下，成為其核心價值，而且在最近倡導創造經營之後，其重要性益發凸顯。正當經營及共同繁榮則是為了因應外部環境的變化，提升三星的社會正當性所添加的核心價值。

　　三星相信若要成為受到尊敬的全球超一流企業，必須符合其日益提升的全球地位而善盡社會責任，並滿足利害關係人的要求，因此，明訂了員工應該遵守的核心事項，並稱之為經營原則。三星將五大經營原則具體區分為十五項細則，並且基此列出四十二項行動準則。五大經營原則的其中兩項是不做出觸犯法律、倫理及正道，引發社會非難的事情，另外三項則是積極增進主要利害關係人的利益，對社會發展及實現正義做出貢獻。這些經營原則成為有助於員工們在面對模糊不清的狀況該如何行動時，做出正確判斷的具體基準。

　　如同在推動新經營革新時一般，三星亦致力於傳播及共享此種新價值體系。首先，各關係企業及海外營業據點將新價值體系視為標準價值體系，各關係企業設置經營原則實踐委員會及價值文化事業局，三星人力開發院則新設價值文化小組做為專責組織。此外，為了有效進行擴散，則製作了韓文、英文、中文、日文、西班牙文版本的核心價值及經營原則說明書進行發送，還培養了一九一名專責人力，至二〇〇六年年底為止，在集團方面以三萬五千名員工為對象，在關係企業方面以七萬名員工為對象，實施了推廣教育。在海外也積極推動教育訓練，並且在二〇〇六年八月開設了三星價值入口網站，使得全球員工皆能了解三星的價值體系。此入口網站以五種語言來介紹三星的歷史、現況、經營哲學、價值體系的相關知識及資訊。

創造性組織文化

進入二〇〇〇年代以來，李健熙會長一方面倡導創造經營，一方面為了將三星由「管理的三星」提升為「創造的三星」，投注了相當多心力，其中之一便是鼓吹創造性的組織文化，因為唯有形成創造性的組織文化，員工們才能產生創意，如此一來，三星方可實現其所憧憬的創造經營。

為此，三星降低了對員工的紀律要求，為了強化其自律性，也推動了創造最佳職場計畫、自主服裝制、自律上下班制等。

三星分別於一九九八年在三星電子的半導體事業部，二〇〇二年在三星火災推動最佳職場（Great Work Place）運動，並將成功案例經驗進一步擴散及分享至整個三星集團。此外，關係企業別也設定了符合市場領導者戰略及創造經營的新核心文化價值，並予以落實。例如，二〇〇五年，三星電子半導體事業部選擇「創造未來（pioneer）」、「持續領先（innovator）」、「共同協作（team player）」作為核心價值，並且付諸實踐；三星生命則選擇客戶為主、重視人才、專業導向、追求挑戰、順暢溝通作為企業文化推動方向；三星物產則以創造、挑戰、愛、信賴等四大項，作為其文化價值，加以宣揚及落實。

在二〇〇八年美國引發的全球金融危機之後，三星更加致力於倡導創造性的組織文化。三星電子於二〇〇八年十月將原本只在一部分事業場所實施的自主服裝制，擴大至所有事業場所，亦即允許員工不必穿制服，只要以商務休閒為原則，在不會造成他人不悅的範圍內，可以自由穿著便服。這是為了員工展現出個性，試圖表達出不同人格與不同思維的作法。

二〇〇九年四月，三星導入獎勵休假制度及自律出勤制度。在獎勵休假制度方面，循環休假制是讓員工可以利用包括星期五的三天連休制，休假預告制是將公司放假時間預先告知員工，

以便讓員工可以擬訂休假計畫的制度。而自律出勤制則是讓員工可以在上午六時起至下午一時之間，選擇其想要上班時間的制度。這些制度本身雖然無法直接提升員工的創意，但是相較於管控工作過程，改為針對工作方式及過程採取自律性，而以成效為主的管控方式，將可讓員工在工作方式及過程方面發揮創意，達到相當成效。

三星為了倡導創造性的組織文化，亦致力於提升人力的多樣性，包括擴大聘用女性人力，致力於創造適合其工作的職場，並且在國內外的事業據點活用更多的外國人力。這麼一來，三星便可從一致化的管理方式，改變為認可多元化，活用彈性的管理方式。

「一個三星」意識

以法律面而言，三星的員工們是在各自獨立的關係企業工作，但是同時也自認為屬於三星集團之內，因為採用相同的公司商標（logo）及品牌，基於集團層次的經營理念及員工精神也適用於所有關係企業。針對新進員工的教育訓練也是基於集團層次來進行，彼此隸屬於不同關係企業的員工共同接受訓練；此時，將徹底地接受有關三星的經營理念、員工精神等三星人必須具備的價值及信念、行動方式的教育。由於曾任某個關係企業的高階主管，可能成為其他關係企業的代表理事，有必要時，員工也可能變更其所屬關係企業，因此，三星員工對於其所屬關係企業及三星集團都同時會具有歸屬感。

事實上，截至新經營革新之前，三星集團本身的「一個三星」之共同體意識非常強烈。因為其關係企業只在法律面獨立而已，事實上整個三星集團就像單一企業在運作。關係企業之間的資金及人力移動非常活絡，關係企業間相互出資及做信用

擔保，因此若是特定關係企業倒閉時，其他關係企業也將遭受巨大打擊，是名副其實的生命共同體。以集團層次而言，由於新進員工是在招募進來之後，再分配至各個關係企業，因此，新進員工們對於集團的歸屬感，尤甚於對關係企業的歸屬感。而人事制度也是採取集團共通的統一制度，因此，三星員工們事實上並非為關係企業工作，而是為整個三星集團工作。

然而，在經歷過新經營及亞洲金融風暴之後，三星改成由各關係企業分別招募新進員工，而且依據關係企業別的績效不同，其員工的激勵制度也出現相當大的差異，員工們在各關係企業間的轉換也變得困難，導致「一個三星」的意識日益弱化，而三星的高層經營團隊為了促進關係企業間的自發性合作，並且藉此創造出綜效，致力於保存日漸式微的「一個三星」意識。

2）主導性文化

三星自創業以來便依據其強勢的企業文化來經營。在新經營革新以前，三星企業文化的核心要素是第一主義、合理追求、人才第一，但是在新經營革新之後，三星追求藉由品質躍升以成為全球超一流企業的願景，其企業文化也進行了修正，因為單憑原有的核心要素，無法達成躋身全球超一流企業的願景。所以，三星將以數量為主的韓國第一主義，修正為以品質為中心的世界第一主義，將以效率性為主的合理追求，修正為以效果性為中心，並將確保及培養優秀的均質人才，重新定義為確保及培養核心人才的人才第一主義。接下來，我們將針對這三項文化素進行更詳細的說明。

第一主義

目前，若要選出三星集團最重要的核心價值之一，可說是

「基於危機意識的第一主義」。三星是以「不改變就會滅亡、不成為一流就會滅亡、不創造就會滅亡」的危機意識為基礎，朝向世界頂尖企業邁進。

三星自創業之始便追求第一主義，第一毛織、第一合纖、第一企劃等關係企業的名稱，會加上「第一」的理由也是如此。三星認為若非第一，就沒有投入事業的顯著理由，其第一主義精神之強可見一斑。從一九八四年起，三星成功的將第一主義融入三星精神之一，並且為了實踐此一精神而努力。而成為三星集團經營理念的「奠基於人才與技術，創造出頂尖的產品與服務，對人類社會做出貢獻」，也蘊藏著代表者第一主義之「頂尖」的字眼。

三星式企業文化之演變

	新經營之前		新經營之後
第一主義	國內第一主義	最好、最先	世界第一主義
合理追求	追求效率性	搶占先機、企業價值導向	追求效益
人才第一	重視均質人才	重視能力及績效	重視核心人才

三星的第一主義意謂著「首先，目標必須是第一，其次，達成此一目標的人才必須一流，最後，成果也必須奪冠。」[4] 三星的第一主義，過去雖然是指「投入的所有事業，在國內市占率達到第一」，但是在新經營革新之後，則代表著「品質為世界頂尖」之意。

截至新經營革新之前，三星的第一主義都是以「最便宜」為主軸，採取以數量為主的市占率擴大戰略。依據第一主義的

精神，三星即便是以後進業者之資進入的事業，也動員龐大資源，大膽的投資而取得了領先地位。例如，三星與化學調味料市場的味元、家電產品的 LG 電子，以及在南韓手機市場與摩托羅拉曾經展開的激烈競爭，雖然都鏖戰良久，但身為後進業者的三星，最後都從中勝出。

"如今，不論事業或商品，都只有第一（No.1）或唯一（only one）才能存活下去。過去，拿到先進產品後，再加以抄襲的二流戰略可以行得通，但是，現在二流企業將無法存活。"

——李健熙

三星選擇以全球超一流企業為其願景，藉由新經營革新訴求以「品質」為中心的經營，並以「最好」、「最先」為主來追求第一主義。李健熙會長就任之後，帶動三星成長的基本座右銘，便是「不是世界第一（No.1）或唯一（only one），就無法存活」的全球頂尖（World Best）之經營哲學。諸如一個公司製造一項世界頂級產品的「全球頂尖（World Best）運動」，開發出讓全球消費者連連發出「哇（Wow）」之感嘆詞的卓越產品「Wow 計畫」等，都是三星追求的第一主義所展現出的新案例。三星電子也持續舉辦「先進產品比較展示會」，讓員工們直接體驗三星產品與先進產品的差異，目的在找出比競爭者更好的方案。此外，在核心國家的一等戰略、各事業部門創造出一項以上的暢銷產品，也是第一主義的具體展現。

最近，三星不僅單純的追求市場占有率及技術一流，而是成為相關產業主導演進的企業，以及創造新流行及文化的企業，重新定義其第一主義。為了成為其所訴求的企業，三星持續選拔、引進及開發人才，不僅是投資於增進技術能力，也集中投

資於提升其行銷、設計及品牌能力。此一努力也產生成效，使得三星得以躋身全球一流企業。

　　過去三星所參與的大部分事業，都是擊退競爭者而在南韓國內市場登上冠軍寶座，只有強烈的自負感，幾乎沒什麼危機意識。但是，三星在進入半導體事業之後，開始將危機意識植入成為其新的文化要素，新經營革新及亞洲金融風暴之後，歷經大規模的事業結構重整，則擴至整個三星集團。新經營革新之後，三星果敢地整理績效不佳的事業部及產品部門，結果使得其第一主義昇華為危機意識。

合理追求

　　雖然任何一個企業都會追求合理性，但是三星相較於其他南韓大企業，更徹底地追求合理性，合理追求可說是三星代表性的主導價值。合理追求是三星的三大創業理念之一，三星在一九九三年重新制訂的經營理念中，雖然不包括合理追求，但是在三星式經營的最底層，依然處處留存著合理追求的精神。

　　合理追求的內容也在新經營革新之後，做了部分修正。新經營革新之前，三星為了執行快速追隨者戰略，追求降低成本、增加效率、加快速度等指標，這些主要代表著有關投入相對於產品的效率性（efficiency）提升，而新經營革新之後，三星為了執行市場領導者戰略，則追求比競爭者更先推出可以滿足客戶需求之創新產品，這與代表著目標是否達成的效果性（effectiveness）提升有關。因此，新經營革新之後，三星導入了許多以提升效果為目標的管理方法。

　　在三星式經營中，合理追求是以各種細部經營方式來展現，包括依據市場經濟原理的事業拓展、責任經營、數據管理、對員工的系統化教育訓練、以能力及業績為中心人事管理、形成

廉潔的組織環境等等。

人才第一

從三星所提出的「事業報國」、「人才第一」、「合理追求」等創業理念可以得知，三星從創業至今持續強調人才的重要性。此外，在一九九三年發表，至今成為經營理念的「奠基於人才及技術，創造出頂尖的產品及服務，對人類社會做出貢獻。」一文中，也明顯的將人才視為創造出最頂尖的產品及服務的主體，亦即，三星是將人才視為創造競爭力的核心。

三星將人才第一定義為「尊重人才，創造出可以發揮個人最大能力的條件，使其可以成為個人及社會原動力的精神。」[5]李秉喆會長在創業之始便強調「人才即公司全部」，並說過「我人生80％的時間都奉獻在募集人才及培訓人才上面」，親自實踐了人才第一的理念。

對於人才的渴望，到了李健熙會長時又再上層樓。他曾說道：「若說我有一個野心，那便是對人才的渴求，而且可能是全球無人能敵的熱切。」，並且主張「為了協助人才發揮其能力，組織文化及思考方式，甚至是企業結構都應該要改變。」由此可見三星對人才的關心，是超出熱情而近乎執著的程度。

三星在新經營革新之後，針對「人才」的定義，做了一部分修正。過去，三星認為人才是具有三星文化所要求的品性，並且能力卓越的人。即便能力再優越，若是太過有個性，且不易服從，則不被三星視作人才。根據此一定義所選拔及培育而成的人力，是屬於「優秀的均質人才」。但是，如今，只憑藉著優秀的均質人才，將無法成為全球超一流企業，因此，三星的人才樣貌，也變成強調「核心人才」或是「天才級人才」。

5. 新經營之後的經營要素間之調和

　　當一個企業的經營要素達到調合之際，將可創造出高績效。
三星以家族企業主為主軸，樹立了戰略願景，並且基此提出以
經營策略為首的各項經營要素，因而形成其獨特的經營方式。
下表顯示出在新經營革新前後，三星各項經營要素如何改變的
情形。

新經營革新前後三星經營要素之比較

新經營革新之前	經營要素	新經營革新之後
公司治理結構：家族經營 ・家族企業主：家長式領導 ・關係企業專業經理人：管理者／執行者	領導風格與公司治理結構	家族企業主與專業經理人之調合 ・家族企業主：願景提出者 ・關係企業專業經理人：策略家
外觀成長策略 快速追隨者策略 安穩型事業結構	經營策略	重視品質策略 市場領先者策略 透過選擇與集中之事業結構 高值化
標準化人才 內部人力市場 以國內人力為主 年資導向之薪酬與升遷	人才經營	核心人才 擴大引進外部人才 促進人力之全球化 績效導向之薪酬與升遷
微觀管理 數據管理 以製造效率為中心之流程 依功能別之分散式資訊系統	經營管理	微觀管理及宏觀管理並行 數據管理高值化 以客戶為中心之流程 全公司整合之資訊系統
國內第一主義 追求效率性 重視均質人才	價值與文化	世界第一主義 追求效益 重視核心人才 追求價值 ・三位一體之價值體系 ・創意的組織文化 ・一個三星之意識

接下來，我們將剖析形成三星經營方式的要素之間的契合關係，以及為了實踐全球超一流企業的戰略願景所樹立的經營戰略。一如先前所再三強調，三星為了躍升為全球超一流企業，以品質經營為戰略主軸，樹立了市場領導者、事業結構高值化策略，為了落實這些策略，修正了其經營要素。

1）市場領導者策略及經營要素間的調和

在領導力與公司治理結構方面，李健熙會長策勵各關係企業及事業部務必都要製造出全球一流的產品，鼓吹若是未能如此將會走向滅亡的危機意識。此外，李會長承擔了大規模投資所需的企業家決策責任，也有助於市場領導者策略的落實。而未來戰略室則自律性的支援決策，同時誘導關係企業間的合作，以此來支援市場領導者戰略的實踐。

在組織文化方面，則是基於以品質為先的危機意識，以全球第一主義、核心人才為主的人才第一主義等來支援市場領導者策略。以核心人才為主的人才第一主義重視「可以養活一萬人、十萬人的人才」，以形成讓這些人才可以發揮能力的條件來支援市場領導者策略。

在人力方面，則是以確保核心人才、開放內部人力市場、人力全球化、市場價格為主的年薪制、核心人才誘因、打破慣例的團隊績效獎勵來支援市場領導者策略。根據徹底的業績主義之升遷及激勵制度、關係企業或事業部依據績效提供打破慣例的團隊績效獎勵——生產力鼓勵金及分紅，使得員工們積極參與市場領導者策略之實行。而三星對於具備其所需能力或知識的人才，也不分國籍的快速引進，因為長期而言，這將有助於在內部發展出具有成為市場領導者之必要能力。

在經營管理方面，核心零組件供應商及往來客戶的雙贏合作關係，部門間的水平整合流程、所有價值鏈參與者在同一系統協同合作的整合資訊架構，則支援其市場領導者戰略的執行。整合資訊架構使得三星不論是各個部門間，乃至價值鏈上具有連結之經營主體的活動，都可以進一步優化，便其市場領導者戰略得以具體落實。

2）事業結構高值化及經營要素間的調和

三星為了實踐全球超一流企業的戰略願景，捨棄過去非關聯多角化的方式，採取透過選擇與集中之事業結構高值化戰略。為了達成事業結構高值化，三星認為必須推翻過去以數量為主的習慣作法，改為以品質及獲利性為主來經營。因此，最高管理者本身放棄建造帝國的春秋大夢，取而代之的，是倡導實利主義的經營方式，在推動新事業或決定投資之際，均以獲利性做為最主要的考量基準。

在領導力及公司治理結構方面，李健熙會長的大力主導企業轉型，以及關係企業的責任制經營，可說是支援三星以選擇與集中來落實事業結構高值化戰略的要素。

在人才經營方面，三星透過徹底的績效掛帥的升遷及獎勵制度、團隊績效制，以及藉由選擇與集中，來支援事業結構高值化。以各單位獲利性為主的業績考核，以及基於此的升遷及獎勵制度，使得員工揚棄貿然的事業擴張，而是針對高獲利性的新樹種事業投入資源。此外，以獲利性為主來支付的團隊生

經營戰略與其他經營要素之間的契合關係

| 領導力及公司治理結構 | 家族企業主＋專業經理人經營（未來戰略室之協調功能、三角架構之公司治理結構）
願景型之家族企業主（提出偉大願景及具有洞察力之方向）
策略家型之專業經理人（發掘／培育／激勵／監督 CEO 之系統、權限下放） | | |

經營策略	重視品質	市場領先者	事業結構高值化
人才經營	重視核心人才 開放內部人力市場	重視核心人才 人力之全球化 績效導向之報酬與升遷 打破慣例之團隊績效獎金	績效導向之報酬與升遷 打破慣例之團隊績效獎金
經營管理	宏觀管理 整合性資訊基礎架構	以客戶為中心之流程 與其他企業雙贏合作	以客戶為中心之流程 整合性資訊基礎架構

| 價值與文化 | 世界第一主義、追求效益、重視核心人才、創意的組織文化、一個三星之意識 | | |

產力獎勵金及紅利分配制，也誘使關係企業或事業部自發性的採取選擇及集中策略。

3）經營體系構成要素間的協調

三星在推動新經營革新之際，雖然樹立了成為全球超一流企業的戰略願景，但是當時所有三星的關係企業都不具備類似的國際競爭力。事實上，除了 DRAM 半導體事業以外，幾乎沒有具備國際競爭力的事業。但是，在新經營革新之後，三星的手機、液晶面板（TFT-LCD）及電視事業都成長為具有國際競爭力的事業，除了半導體以外的其他電子領域關係企業，此時才具有某種程度的國際競爭力。不過，在電子相關領域之外的大部分事業，至今仍然不具備國際競爭力。

如前述評論，在電子相關事業，構成三星式經營的要素之間，彼此的契合性相當高。然而，三星所追求的市場領導者策略、透過選擇與集中的事業結構高值化策略，是以一九九三年的新經營革新為起始點，更正規的執行，則是在一九九七年底的亞洲金融危機之後，因此，至今仍難以論斷其戰略已經完全落實。在電子相關事業，三星的市場領導者策略已經具有相當成果，不過仍然欠缺足以創造出新產業的根源技術，以及開發出可以下金蛋的創新性新產品。以三星電子為首的電子相關事業，已經退出不具競爭力的產品或事業，採取選擇與集中的方式達成事業結構高值化，不過，以整個三星集團而言，三星依然無法擺脫複合型企業的樣貌。

因此，三星必須將在電子事業的成功經驗擴散至其他關係企業。此外，以全球超一流企業為戰略願景來進行策略及經營

方式規劃，雖然已經具有相當程度的成效，但是為了早日實現此一願景，必須修正部分的經營要素。關於此點，本書將於最後一章的未來課題中進行討論。

PART 3

三星如何成功？

第三部分將特別針對三星躍升成為超一流企業過程中，擔任火車頭角色的核心能力（core competence）進行分析，特別是其中的動態能力（dynamic capabilities）。

一九九〇年代以後，核心能力成為競爭策略方面最重要的概念，意指競爭對手難以模仿，而且差異化的企業特有資源及能力。當企業確保妥善的核心能力時，才能夠創造出長期持續的競爭優勢。

足以成為核心能力的企業特有資源或能力，必須滿足幾個條件。首先是符合特定產業的核心成功要素，三星將此展現在其事業概念乃至本質之中[1]。例如，半導體產業及化妝品產業是有著本質差異的兩種產業，其所要求的核心能力自然也大不相同。此外，這種資源必須比競爭者更為優越，其價值才會變得更高；第二，可以成為核心能力的資源，必須為競爭對手所難以模仿（inimitable）者，若是競爭對手可以在短期內輕易模仿，那就無法創造出企業永續的競爭優勢；此外，相較於可以在市場上購買得到的資源，藉由長期在企業內部累積開發而成的資源，將可成為更有價值的核心能力[2]。

但是，近來隨著外部環境的變化加劇，因應環境變化的彈性及速度，以及策略靈活性（strategic agility），都開始受到矚目[3]。尤其是像電子業這種經常會發生技術典範轉移的高科技產業，動態能力的重要性變得更顯著。但是，既有的資源基盤理論是採取靜態觀點，而大衛・提斯（David J. Teece）等專家為了將此與動態並行，提出了動態能力理論（dynamic capabilities theory）[4]。提斯將動態能力定義為「因應外部環境變化，有效確保企業內部及外部能力，並加以整合之力量」。

動態能力的第一階段是敏銳地感知（sensing）到因為外部環境變化所帶來的機會與威脅。為此，必須透過針對研發及人才

的投資，廣泛地進行探索，以強化迅速確保及累積外部知識所需的「吸收能力（absorptive capacity）」[5]。尤其是對於外部環境的機會與威脅的感知，往往有賴於經營者的直覺式洞察力。然而，放眼產業發展史，越是成功的企業，越容易陷入「成功的陷阱」，喪失了危機意識而自以為是，或是由於規模變大，導致組織架構的複雜性乃至僵化性（structural inertia）變高，即使面臨外部環境的破壞性創新（disruptive innovation），也無法快速感應，或是往往加以漠視[6]。因此，諸如 Nokia 或 SONY 等曾經引領時代風騷的先進企業，也無法適應數位化革命或智慧型手機革新這種典範轉移的變化而沒落，而主導破壞性創新，或是快速因應此種變化的企業，則成為產業的新強者，這樣的事情一再重覆。以動態能力理論觀之，這種現象是由於想要持續固守成功的產品或技術的「路徑依賴性（path dependence）」，而導致企業的感知功能無法好好加以運作所致。

即使能夠妥善感知外部環境所帶來的機會與威脅要素，若是無法即早確保善加利用或是克服的能力，創造出符合外部環境變化的產品、服務、商業模式，也沒有任何意義[7]。因此，為了快速確保及強化外部環境所需的資源與能力，必須果敢地進行即時的研發及行銷等核心功能的策略性投資。在此過程中，重要的是決定在內部開發所需的知識或能力，或是從外部獲取。若是要在內部開發的話，企業就必須採取將價值鏈上的各種活動在內部執行的「垂直整合化」，或是將相關產品或技術在內部開發及生產的「水平多角化（horizontal diversification）」。

因此，所謂動態能力的概念，必須包括與外部環境互動的契合性，以及符合策略、資源、能力及內部經營體系等條件[8]。因為即使靈敏地感受到外部環境所帶來的機會與威脅要素，擬定了必要的策略，果斷進行確保能力的即時投資，若是企業的

領導人、組織結構、人才經營、經營管理、價值及文化等經營體系，未能符合此一方向進行改變，可能不會產生什麼成效，或者反而會導致負面效果。企業若是想要以動態能力為基礎，創造出永續的競爭優勢，除了致力於提升適應外部環境的能力，以及投資於增加內部策略、資源、能力、經營體系間的調合性之外，也必須經常性地重新整頓經營體系。

　　本書應用此資源基盤理論，以及更為進化的動態能力理論，並且進行多次的訪談及資料深度分析之後，認為在三星新經營革新以來，為了達成「透過品質的躍升成為超一流企業」的策略願景，在半導體、手機、電視、面板等電子產業所創造出的動態核心能力，可歸納為「速度創造能力」、「融合式綜效創造能力」、「演進式創新能力」等三大項。速度創造能力是指從新產品開發到問世的產品上市時間（time to market），具備比競爭對手更快的決策及執行能力。融合式綜效創造能力則意謂著透過統整廣泛地散佈於集團及公司內部的知識、情報、技術等資源，有條不紊地進行連結，並且創造出附加價值的能力。演進式創新能力則是指在既有的技術路徑，乃至產品的產業知識（domain know-how）之中，將既有產品或技術，發展成新樣態的能力。三星電子的最高經營管理層異口同聲地指出──速度、合作綜效、演進式創新能力是競爭對手難以模仿及取代的三星電子永續發展的核心成功要素，以及動態核心能力。在此引用二〇一三年訪談中所提及的相關內容如下：

　　"半導體產業的本質是以速度和技術為核心，最近服務也變得非常重要，必須提供客戶整體解決方案（total solution）。三星電子半導體部門在速度、技術創新及提供整體解決方案層面，已經建構了強大的核心能力。"

　　　　　　　　　　　　　　　──權五鉉 三星電子 CEO 暨副總裁

"三星電子生產手機等產品的無線事業部門之策略優勢，在於透過與記憶體、應用處理器（AP）、面板、電池等全球最高水準的三星零組件關係企業，進行競爭式合作以形成綜效，並且持續地維持創新，再加上三星電子具有成為世界第一的熱情，只要方向一確定，快速執行的能力比任何人都還要卓越。"

——申宗均 三星電子代表理事社長兼
IT 暨行動通訊事業部（IM）副社長

"三星電子電視事業的核心成功要素是速度與創新，此外，三星電視的主要核心能力是與半導體、面板等集團內的關係事業部門的有機性合作。"

——李善雨 副社長，三星電子影像顯示事業部策略行銷組組長

"三星的核心成功要素乃至競爭優勢的根源，是透過以消費者需求為基礎的持續技術創新及先發制人的預測，快速及大膽地做出決策，以及快速的執行力。在持續創新的過程中，藉由與半導體、面板等關係事業公司的合作，創造出綜效及增進開發速度，也非常重要。"

——金昌龍 三星電子副社長，
數位移動（Digital Media & Communication,DMC）研究所所長

在第五、六、七章中，本書將針對三星所具備的三大動態核心能力的具體樣態及落實機制，逐一進行深度分析。

三星躋身超一流企業的三大動態核心能力

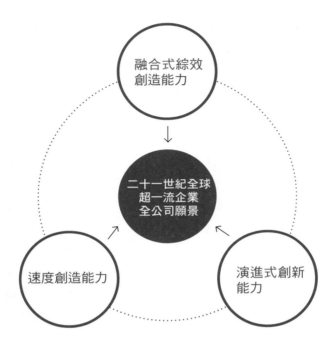

融合式綜效
創造能力

二十一世紀全球
超一流企業
全公司願景

速度創造能力

演進式創新
能力

CHAPTER 5

三星的成功要素 I：
速度創造能力

"三星電子半導體事業的核心能力是快速及想要成為第一的熱情。"

——禹南星 三星電子系統 LSI 事業部負責人

"三星電子智慧型手機成功的最重要關鍵是速度。如同物理學的基本原則「能量＝質量 × 光速的平方（$E=MC^2$）」一樣，我認為若是能將相同的資源以兩倍的速度來活用，可以產生四倍的競爭力。"

——洪元杓 三星電子媒體解決中心負責人

1. 二十一世紀，速度為重要關鍵

　　一九九〇年代以後，由於半導體及數位技術的劃時代發展，在網際網路、手機、社群網絡服務（Social Network Services, SNS）等資通訊工具的快速普及之下，揭開了繼農業革命、工業革命以來，人類歷史上的第三次革命序幕——知識情報革新乃至於數位革命。隨著數位時代正式展開，確保了數位資訊得以

即時傳播，並且大量累積成為巨量資料（big data），商業的本質及速度也產生了飛快的變化。針對此特點，比爾蓋茲曾經將二十一世紀的數位經濟時代，命名為「速度時代」[1]。

在數位經濟時代，由於資通訊網絡的快速發展及擴散，導致距離、時間、位置的消失[2]，因此，相較於「規模經濟」，以因應市場和客戶的速度及彈性為基礎的「速度經濟」變得更為重要。這是由於網際網路的普及，使得消費者的資訊蒐集能力大幅提升，在消費者與製造業者、流通業者之間所謂「資訊不對稱（information asymmetry）」快速消除之下，現今消費者強烈傾向於購買可用合理價格提供高品質產品之企業的產品。

尤其最近由於智慧型手機、平板電腦及社群網絡的快速普及，加上雲端運算服務的擴散，因而正式進入了所謂「智慧革命」以及「智慧時代」。智慧革命使得個人生活及企業的服務模式發生劇變，很可能會弭平產業及國家的疆界。由於這種變化，激化了全球層次的競爭，在特定時間點快速創造的競爭優勢，很快地又會消失於無形，這種所謂「超競爭（hyper competition）」現象也變得稀鬆平常。在此超競爭環境下，唯有能夠迅速掌握機會及具備轉型能力的企業，可以創造出高收益[3]。

在速度競爭時代，決策及執行速度攸關企業的成敗。尤其是像三星主要投入的 IT 產業，處於競爭激烈，技術變化及創新速度快，產品週期日益變短，競爭優勢大幅著重於速度的產業環境（high-velocity environment），更是如此。在這種產業中，競爭力的關鍵在於確保快速的戰略決策及執行能力，以及比競爭對手更快的產品開發及技術創新，還有以此為基礎搶占某一市場及技術標準[4]。

例如，若是產品創新速度快，透過縮短創新時間及擴大資源投入的效率性，不僅可以節省成本[5]，也可以增加組織成

員的學習水準及投入程度，最終還能提升產品品質。而且，若能比競爭對手更快開發及推出新產品，更可享有學習曲線效應（learning curve）及搶占投入要素、規模經濟、提升品牌認知度、網絡效應（network effect）等各種型態的「先驅者優勢（first mover advantage）」，並且創造出高額利潤（high margin）[6]。

尤其是在目前這種不確定性高的環境下，速度卓越的企業相較於反應慢的企業，也具備著在進入新事業或新市場時，能在不確定性消除為止，有更多等待的時間以降低風險的優點。總而言之，在具有數位化、全球超競爭及環境加速變化及不確定擴大等特徵的新典範（paradigm）[7]之下，如同斯托克（George Stalk, Jr.）所主張的時間及速度，已成為企業競爭中搶占優勢的主要根源[8]。

如上所述，在二十一世紀數位經濟時代，速度已成為競爭優勢的根源而日益重要，不過，一般而言大企業在決策或執行層面，速度往往不如中小企業，尤其是事業結構多角化的集團企業，由於決策結構及管理流程等複雜性變大，更難以迅速決策及執行。

2. 新經營革新，創造出三星式的速度經營

新經營之前的三星，依據綿密的分析，細緻的管理，整備完善的內部管理體系，十分慎重地推進事業，因此，經營速度比不上競爭對手。但是，在新經營革新之後，李健熙會長特別強調速度及搶占先機是競爭優勢得以永續的根源。在李健熙會長發表新經營宣言之際，便曾做過如下陳述：

"如今，相較於交易所造成的直接損失，錯失機會所引發的虧損，比以往龐大到難以比擬。相較於機會的喪失，每年的些許損失，根本不算什麼。公司規模愈大，喪失機會的規模也愈大。以企業經營而言，搶占先機才是真正獲利的概念，不是只有貪污公款才算捅樓子。若是一定應做的事情，就要趕緊跑去搶占機會，或是至少要防止錯失機會的損害。尤其是集結著創意想法的產品及服務，若是不能率先推出市場搶占機會，根本無法生存。現在，時間很重要，速度就是生命。"

一九九〇年代以後，隨著數位革命的正式來臨，李健熙會長在二〇〇〇年這個新千禧年初始的新年賀詞中，提出了二十一世紀領先戰略及經營方針，並且宣告「數位經營」，特別強調搶占先機及快速因應變化。

"我宣布將新千禧年來臨的今年，訂為三星的數位經營元年，必須以推動第二次新經營，第二次組織重整的悲壯決心，大力促進事業結構、經營理念及系統、組織文化等所有經營部門的數位化。為此，最重要的就是比別人更快掌握到趨勢變化，率先制訂策略及搶占機會。"

新經營之後，三星在半導體、LCD、手機、數位電視等主力事業，均藉由果敢及快速的投資決策，建構比競爭對手更快的新產品開發及量產上市體系，而得以主導市場。最近，三星在主力事業推動的高溢價（premium）產品策略，就是多虧了差異化的產品力，加上建構了新產品開發及量產上市體系，而形成了在速度和即時上市（time-to-market）的優勢。

三星式速度創造能力之結構

	速度創造能力	
主要構成要素	決策速度 —搶占先機 —短期、日常決策迅速化	執行速度 —先進入，後穩定化 —突貫工程 * —溝通速度 （communication speed）
文化及體系	—家族企業主／危機意識 —果敢的權力下放 —縮短決策流程 —設定挑戰性目標 —共享六標準差 （Six Sigma）	—準備經營及先行開發 —群聚化及垂直整合化 —目標導向型 （goal driven）研發 — IT 基盤之流程 （ERP、SCM 等）

* 譯註：突貫工程指集中設備及人力，二十四小時施工，快速完工之工程

做為競爭優勢根源的速度，大致可區分為戰略決策面及戰略執行面。在這兩個方面，三星都以領先競爭對手的速度為基礎，得以由「快速追隨者」轉變成「市場領導者」。那麼，三星究竟是如何創造出競爭對手難以模仿、差異化的速度競爭優勢呢？上圖即是將三星式速度創造能力的結構加以具象化。

3. 如何提高決策速度？

首先，讓我們來看看戰略性決策層面的速度。進入速度經濟時代以來，迅速的戰略決策成為搶占先機的重要關鍵，若是戰略決策速度不如競爭對手，造成的損失可能等同錯誤的決策，

也可能導致企業競爭力喪失。

　　依據現存研究，一般而言，迅速的戰略決策比緩慢的決策更能帶來高水準的成果，尤其是像 IT 產業這種環境變化快速的產業，此一現象更是明顯[9]。究其原因，在於變化速度快的環境中，機會本身的變動也快，若是落後一次，就很難再追趕得上，而經營者們反覆的決策，將減少可學習到的機會。

1）搶占先機之投資

　　果敢而迅速之決策的重要性，在三星電子記憶體半導體的成功案例中，很明顯的展現出來。日本東京大學教授奧村勝彌針對曾經主導一九八○年代市場的日本半導體業者，為何不得不落敗於三星這家一九八三年才進入記憶體半導體的後進業者的原因，發表過如下觀點：

　　"在日本 DRAM 事業如日中天的一九八○年代，對於半導體的投資規模為一百億到二百億日圓，亦即，當設備投資決策權還掌握在事業部門的時候，日本企業仍然維持著競爭力。然而，很不幸地，當設備投資額超過一千億日圓後，決策權就脫離了事業部門，因此，便失去了投資判斷的機動性，錯過了好幾次的投資時機。透過全公司協議進行投資判斷的日本，扼殺了半導體產業不可或缺的速度。[10]"

　　在半導體產業中，確保快速的尖端技術及大規模的攻擊性投資相當重要，因為這是個即便投資時機只慢了幾個月，也可能造成天文數字般巨額機會喪失，以及長期競爭地位下滑的高度注重時機之產業。亦即，由於半導體產業的特性是由速度左右事業的成敗，因此必須仰賴果敢及快速的大規模投資決策才

行。此外，由於面臨周期性景氣循環，當陷入不景氣或不確定性高的狀況，由專業經理人帶領的日本半導體業者由於是以廣泛的協議為基礎以求慎重，因此無法果敢及快速地達成投資決策。相反地，維持由家族企業主經營體制的三星，則因為能夠果敢及快速的達成投資決策而得以超越日本。

依據文獻研究結果，越是想要由最高經營者來負責決策速度，其危險性越高。由於家族企業主比專業經理人具有更長遠眼光，以及更能承擔更高風險的傾向，因而能夠比專業經理人更快速而果敢地做出決策[11]。李健熙會長在面臨主要危機期或轉型期之際，都果敢及快速地主導決策，其結果使得三星在進入記憶體半導體十年後，DRAM 部門得以坐上全球第一的寶座。

藉由此種快速投資決策而成功的案例，在一九九〇年代三星正式投資 LCD 事業之際，也再度顯現。LCD 事業是需要大規模設備及研發投資的資本和技術密集型產業，與半導體產業具有類似的成功關鍵要素。曾經身為 LCD 後進業者而陷入苦戰的三星，在一九九七年下半期面臨著決策的時機點，由於 TFT-LCD 市場的持續不景氣，以 12.1 吋產品為主力的日本業者，對於次世代生產線投資，開始呈現消極的態度；相反地，三星則果敢地決定投資 13.3 吋以上的次世代產品設備，而隨著 13.3 吋產品成為實際的市場標準，三星也從夏普（Sharp）等日本業者手中搶下 LCD 產業主導權。

此外，三星連續數年占據全球市場冠軍寶座的數位電視，其成功秘訣也是藉由搶占先機型的投資決策，採取速度經營而達成。三星電子率先察覺到 TV 市場的重心將轉換至數位電視的變化趨勢，並決定大規模投資此一領域，因而確保了世界最高水準的根源技術。在產品開發過程中，三星大膽地的投入五百億韓圜的研發費用、十年的研究期間，以及六百多名的研

究人力等巨額投資，結果使其至一九九八年初為止，得以獲得一千五百件相關專利，總計開發出一千六百餘件核心技術。這樣的成效讓三星在一九九七年十二月率先開發出數位電視，並且在一九九八年十月，於美國紐約世界貿易中心舉辦全球首次的數位電視上市活動，吸引全球矚目。藉此，曾經是電視業界後生晚輩的三星電子，成為數位電視市場的領導業者，相較於國外競爭對手，在研發及生產等所有領域，平均都領先了三至六個月左右。

如上述，在不確定性高的情況下，家族企業主克盡己責的下達快速而果敢的大規模投資決策，正是三星在半導體、LCD及數位電視產業得以脫穎而出的原動力。Wally 及 Baum 曾經指出，最高經營者能夠做出快速決策的特性，包括感知能力、直觀，以及承擔風險的能力，而三星之所以能有目前的成功，李健熙會長憑藉著直觀及洞察力，甘於承受高風險而採取搶占先機型的投資決策，可說是扮演著重要的角色 [12]。

三星的五階段機會經營

階段別	經營水準	基本概念
第一階段	機會喪失	不知不覺間永久或一時喪失機會
第二階段	機會挽回	將第一階段喪失的機會，在最短時間內全部或部分挽回
第三階段	預防機會損失	改革阻礙機會經營的組織、制度及系統，使得機會損失因素最小化
第四階段	創造機會	透過企業環境評價及預測，建構新的搶占先機基盤
第五階段	搶占先機	促使創造出的機會，成為領先競爭者的成功事業，確保競爭優勢及經營利潤極大化

未來學家艾文‧托佛勒（Alvin Toffer）曾經強調，為了在速度經濟及社會中有所發展，建構足以即時決斷的經營體系相當重要，而三星在新經營之後所導向的正是以迅速決策為基礎的搶占先機型速度經營體系。綜言之，三星「搶占先機式經營」的真諦，便是掌握核心變化，比別人率先啟動，以及大膽的挑戰。

在新經營革新之後，三星將搶占先機視為經營戰略的核心要素，其機會經營分為五個階段，如前頁的圖表所示，相關內容不止是經營團隊知之甚詳，也讓全體員工都徹底了解。

三星對經營速度的執著，幾乎達到偏執的程度。三星將「先見、先手、先制、先占」視為數位化事業戰略的四大原則，並下達至各事業部。如下表所示，三星教育全體員工要將「領先、快速、及時、經常」這四個速度經營的關鍵字，落實於自身業務之中。透過這種重視速度及搶占先機的策略，三星將「低品質→低價→品牌價值惡化→銷售不振→獲利下滑」的惡性循環，轉換成「掌握消費者→即時上市→搶占先機→確保溢價通路→增加銷售→品牌價值提升→獲利上揚」的良性循環結構，創造出持續的競爭優勢。

速度經營的四大關鍵字（keyword）

概念		說明
領先	搶占先機	在變化莫測的時代，比別人更早搶占先機
快速	縮短時間	縮短從研發至銷售為止的時間是未來競爭力所在
及時	Timing	區分輕重緩急，減少低附加價值業務，執行以「秒」為單位的管理
經常	彈性經營	將所有業務管理人的業務予以整合，經常性聚集以快速決策

2）現場決策

藉由果敢的權限下放，使得專業經理人或實務經營團隊，可以在現場快速做出短期或一般性的決策，也是三星速度經營的重要一環。三星在新經營之後，由於決策流程的革新，讓決策過程變得單純化及快速化。尤其是縮短簽核程序，使得連社長必須下達的重要決策，也不超過三個程序以上，若是簡單的事情，則以口頭及線上處理。亞洲金融風暴以後，三星果敢地改變報告及會議文化，落實大幅下放權限的數位企業文化，以及無紙會議、百分百電子簽核等措施。

此外，為了快速克服二〇〇八年以後的全球金融海嘯，三星聚焦於現場及速度經營，將原有的六大事業群體制加以瘦身，整合成負責終端產品的數位媒體與通訊（Digital Media & communication, DMC）事業群及掌管零組件的裝置解決方案（Device Solution, DS）事業群。同時，將大部分原本隸屬於總公司的支援部門人力，都派遣至事業部門現場，以精簡支援部門。透過這樣的組織結構重整，三星事業部層級變身成為現場決策型結構，更進一步強化了以現場及速度為中心的經營體制。

4. 如何提高執行速度？

管理層的決策速度及後續的執行速度，也是三星重要的成功要素。韓國的「快快快（balli-balli）文化」、挑戰性目標、危機意識、員工的工作熱情、對於諸如全球供應鏈（SCM）系統等 IT 基礎架構的大規模投資，均有助於提升三星的執行速度。對於在韓國工作或是拜訪韓國的外國人而言，「快快快（balli-balli）」一詞，可說是最能代表韓國文化的用語。由於此一文化

特質，韓國企業的速度原本就快，而三星在李健熙會長及專業經理人不斷提出挑戰性目標之下，比韓國其他財閥企業的執行力又更為快速。若是提出具有急迫性的完成日期及挑戰性的目標，組織內便會形成危機感，員工們對工作的投入程度也會變高，形成團隊合作（teamwork）氛圍，速度也變得更為快速。

三星具有宛如宗教團體般的文化，三星的員工們對於主管們提出的目標，都會毫無異議的接受。由具有宛如宗教領袖般強烈感召力（charisma）的李健熙會長所注入的危機意識，成為三星員工們的共識，從而提升了三星的執行速度，因為唯有提升執行速度，才是達成李健熙會長所提出之遠大目標的唯一方法。

李健熙會長一再提出警告，他認為在快速變化的超競爭之IT產業中，三星若是未能持續不斷的創新及變革，將在競爭大敗下陣來。IT產業是由收益遞增（increasing returns）、贏者通吃的法則所支配的產業。因此，在早期確保相當程度的市占率的領先企業，將足以壓倒後進企業。所以，一旦先投入事業，建構好生產線之後，再將事業穩定下來是合理的作法。這種方式也是三星進入記憶體半導體產業之後，跨足新事業的典型模式。

在此一過程中，三星為了早日追趕上先進業者，採取所謂集中投資人力及設備的「突貫工程」，亦即盡可能地縮短工期，必要時維持每週工作七天及生產線二十四小時運作的體制。三星所展現的驚人速度，歸功於員工們為了達成挑戰性目標所產生的求勝欲望、過人的努力、超乎常人的勤勉性及犧牲精神。

執行速度的另一個重要關鍵在於溝通速度。三星以「一個三星（Single Samsung）」的共同體意識及共享所謂「三星人用語」的經營用語等經營方式，藉由全公司的一致性，得以提高經營速度。例如，三星在一九九六年以後，正式推動六標準差（Six

Sigma）制度，藉由集團內所有員工採取六標準差的共同思想及語言，共享問題解決方法來改善溝通速度。三星電子透過建構以 IT 為基礎的全球整合性 ERP 及 SCM 系統，確保了即時性情報，相當有助於執行速度之提升。

5. 為了創造速度的基礎結構與系統

　　三星促進速度的機制整理如下方圖表所示。首先在價值及組織文化方面，主要歸功於設定挑戰性目標及形成危機意識，以現場為中心的權限下放及決策流程縮短，員工們追求第一的熱情，犧牲精神及勤勉性，共享六標準差等共同語言及經營管理方式等等。此外，在經營體系方面，透過準備經營及先行開發，群聚化（clustering）及垂直整合化的分工作速度，目標導向型（goal driven）研發及研發流程高值化，透過建構全球 SCM 及 ERP 系統的 IT 基礎流程革新等，促進執行速度之提升，均為其代表性機制。

速度促進機制

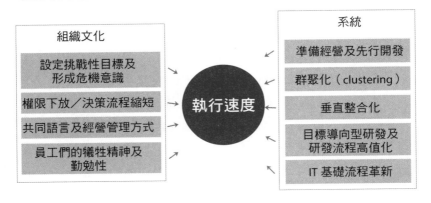

1）準備經營及先行開發

"在許多情形下，我們的出發點有別於競爭對手。我們經常留意社會現象及技術趨勢，並且加以因應，所以，事實上，針對未來將發生的大部分現象，都可以事先做好因應的準備。"

——金昌龍 三星電子副社長，DMC 研究所長

李健熙會長曾經強調，「若是自滿於現在的實績，可能隨時陷入危機。在五到十年之後要做些什麼，應該從現在就開始準備」的準備經營之重要性。此外，為了樹立未來五到十年後，以什麼來達成世界第一的中長期戰略及目標，最重要的莫過於早期確保尖端技術及最高水準的人才。

李健熙會長這種準備經營的哲學融入了三星的組織，由三星綜合研究院、半導體研究所、DMC 研究所等核心研發機構主導，制定展望未來十年的中長期技術藍圖，隨時進行更新，並且領先開發出次世代技術。由於二〇〇六年起先行開發智慧型手機相關核心技術，使得三星在二〇〇八年可以快速因應蘋果旋風，便是最好的例子。此外，在二〇〇八年由於三星綜合技術院及 DMC 研究所先行合作開發，將電視畫質技術開發為運用於手機最佳化的行動數位自然影像引擎（mobile Digital Natural Image engine, mDNIe）技術，使得三星得以確保具備畫質優勢的產品競爭力。

2）群聚化

三星由於主要價值鏈活動的群聚化（clustering 或 agglomeration），不僅提升了物流速度，也透過解決問題及知識共享，提升了執行速度。以半導體事業而言，在南韓京畿道器

興市及器興附近的華城，聚集了十六個晶圓廠（fab），此外，連研發部門也座落於此[13]。而且，負責半導體事業的 DS 部門總公司也位於器興，諸如這種總公司——研發——生產工廠群聚化的情形，在其他半導體企業並無先例。三星透過這種群聚化，促使研發部門及生產部門之間得以快速及有機的溝通合作，因而可以比競爭對手更快速地建構出產品開發及量產體制，並且縮短製程穩定化及提升效率所需耗費的時間。

"競爭對手的設計部門及製程整合部門（PA）[14]大多分隔兩地。但是我們的設計部門及 PA 部門則正好在相鄰的兩棟建築物內。在開發 1M DRAM 之際，每天早上負責設計的課長都會來問「有什麼要改的部分？」而且，當天之內就會改好，只要三至四天內，就可以拿到修正好的光罩（mask）。但是，競爭對手光是提出需求單，就要耗費一週。" ——李苑植 前三星電子副社長

　　尤其是記憶體半導體生產製程，是四百到七百個複雜製程所構成，效率便是競爭力的關鍵。在這種產業特性之下，各階段順暢連結的重要性自不待言，因此，透過建構各部門間的合作體系，以快速解決問題及做出決策更有其必要性。

　　為此，三星建構了跨部門間的合作任務小組（cross-functional TFT），每天隨時召開面對面的專家會議，也建構出在現場立即下決策及解決問題的機制。若是研發部門及工廠分隔兩地，想要隨時碰面開會，本身就有其困難。此外，由於所有工廠都位於單一園區內，透過製程已經穩定及效率已獲提升的工廠，也可以更迅速地展開知識、情報及人力的移轉。

　　這種聚集經濟（agglomeration economies）在三星顯示器聚集於南韓忠清南道湯井園區的 LCD 等面板生產線，也有著相同

的情形。尤其是主要的零組件及材料業者們都設於三星半導體及 LCD 工廠周圍,在零組件及材料採購方面,也更加強化了聚集經濟的效益。

特別是三星相當重視研發活動所能產生的群聚效應,相關的研究團隊全都聚集在一起,可說是舉世罕見的情形。聚集在南韓京畿道水原市的消費性電子(CE)部門及行動通訊(IM)部門的主要研究所,便是代表性案例。相關事業部門的研究所位於同一棟大樓,或是同一個園區之內的話,藉由平時接觸可以使溝通及合作更為順暢,其結果不但可使技術整合更為積極,也能提升產品開發速度。

在核心能力方面,對三星而言這種聚集經濟為何重要呢?以競爭對手的情形來說,由於有形的限制或經費問題,以及地震的考量等,事實上很難將分散各地的研究所或工廠聚集在一起。因此,三星的群聚化成為競爭對手難以模仿,可以與競爭對手進行差異化的部分。所以,以群聚化為基礎的速度極大化,便可視為三星得以維持競爭優勢的主要根源[15]。

3)垂直整合化

建構出聚集經濟,以及生產終端產品所需的主要零組件及材料由集團內其他事業部或關係企業生產的垂直整合化體制,也有助於透過合作來提升速度。藉由此一體制,三星不僅可以快速確保主要零組件及材料,由於具有共同的語言、文化及思考方式,相較與外部公司的合作,在溝通及協調方面,也可以節省費用及時間。

三星的手機等終端產品部門及半導體等零組件部門之間,在針對外部客戶的資訊保護方面,建立了確實的防火牆。這是因為三星的半導體部門除了三星電子的手機之外,也供貨給蘋

果或諾基亞等競爭對手，因此，若是外部客戶的秘密流入與之競爭的三星電子手機部門的話，競爭對手基於保護技術及產品機密，可能會迴避與三星的零組件部門進行交易。

因此，三星的半導體等零組件事業部對於手機事業部等內部客戶，或是與內部客戶競爭的外部客戶都是平等對待，謹守著外部客戶的秘密不得告知內部客戶的原則。但是，由於三星的零組件部門也是三星的一員，因此具備共同的企業語言及文化，彼此融合在一起，因此，即便平等對待內外部客戶，在合作過程中，在溝通及相互回饋方面，當然還是會比跟外部客戶之間更為順暢及快速。

例如，在二〇〇〇年中期問世的內嵌相機的複合型手機，從產品企劃到上市，日本的競爭對手平均要耗時十個月，而三星透過與關係企業間的緊密合作，只需花費五個月。藉由與關係企業合作來提升速度的效果，也一直延續至今。例如在開發智慧型手機時，透過擁有領先全球的主動式有機發光二極體（Active Mode Organic Light Emitting Diode，AM OLED）面板及行動應用處理器的三星顯示器公司與三星系統半導體事業部的合作，不僅開發出性能差異化的產品，而且開發速度也更為提升，便是代表性的案例。這種合作綜效在三星追趕蘋果這個先進業者時，也發揮重要的槓桿角色。

此外，在推動電視產品一流化之際，也是透過三星綜合技術院、DMC研究所、系統LSI事業部、影像顯示（Visual Display, VD）事業部的緊密合作，得以在二〇〇八年開發出數位電視用的核心SoC晶片——A1處理器，開發過程僅花費十四個月，而且在六個月內便導入電視進行量產。透過這種合作，將各事業部所擁有的專業開發能力（Know-how）及知識匯聚一堂，快速的進行決策，使得三星將過去必須耗費三十六個月的晶片

開發到商品化時程，大幅縮短至二十個月。

　　這種成功案例也發生在 LCD 等面板事業。在湯井 LCD 工廠中，相鄰的便是姐妹公司三星康寧精密材料（註：二〇一三年康寧公司已收購三星所有持股，改名為康寧精密材料），其所生產的原版玻璃利用地下的氣浮平台（air table），不用包裝就可以搬運至 LCD 生產線，大幅的減少運輸時間及成本。此外，在系統半導體事業部也開發出顯示器驅動晶片（Display Driver IC，DDI），使三星從顯示器面板新產品企業到開發完成的前置時間（lead time）得以比競爭對手減少一半左右。

4）目標導向型研發（R&D）

平行式開發

　　三星為了提升新技術及產品開發速度，導入了各種內部競爭體制，由多個小組或組織進行特定技術或產品的平行式開發（parallel development）。假若在 1M DRAM 開發過程中，由南韓國內研究團隊與美國當地的三星半導體（Samsung Semiconductor Inc, SSI）研究所的研究團隊同時進行開發競爭，即可藉此提升開發速度。尤其是三星依據適者生存原則，導入了內部篩選機制（internal selection mechanism），使其得以挑選出更為優越的技術及產品。此外，三星 SDI 及三星電子也允許在電視用面板具有相互替代關係的電漿顯示面板（Plasma Display Panel, PDP）及液晶顯示面板（Liquid Crystal Display, LCD）事業進行競爭，試圖透過激烈的內部競爭來提升開發速度。

跳級式研發

"將未來要開發的技術分為第一、二、三世代，同時進行開發，

促成競爭與合作。由於技術開發不知會在何時，以何種方式取得成功，因此要以超世代的方式來進行。"

——金學善 三星顯示器專務兼研究所所長

針對先進企業不願移轉的基礎核心技術領域，三星透過集中投入資金及人力的跳級式研發，將技術水準提升兩個階段以上，以便在短期間內縮減與先進企業的技術落差。在此一過程中，若是判斷自行進行研發過於耗時，只要是必要的技術，即便必須花上好幾倍的費用，也會果敢的由外部導入，然後再與自身技術進行整合，採取推樂高積木式（LEGO）的研發方式，加速技術追趕的過程。此外，對於經驗豐富的工程師或天才級的科學家，則以打破常規的待遇引進，以確保及消化技術，並且更進一步提升開發速度。最近，在更為強調技術創新速度，以及技術複雜性變高的情況之下，三星比以往更為強調藉由開放式創新（open innovation）及策略性合作來快速確保取得外部技術。

5）研發流程高值化

三星為了促進研發流程高值化，積極發展同步工程（concurrent engineering）。大部分的企業都是在研發階段結束後，才開始建構生產體系，相較之下，同步工程則是為了快速而有彈性地因應變化莫測的技術環境，將產品開發及生產體系的建構等各項活動並列，且同時進行的方法，是在一九九〇年代以後，由諾基亞等創新導向型先進企業率先導入。

三星的手機開發過程，便是妥善運用此一同步工程的最佳實例。三星從企劃階段開始，不僅研發部門，包括行銷、商品企劃、設計、生產、採購部門都同時參與，採取平行式開發，

藉此建構新產品開發及量產體制，大幅縮短上市所需的前置時間（time-to-market）。若是依據傳統方式，由各部門依程序作業的話，整個新產品企劃、開發及上市的過程，不僅將花費更長的時間，也難以正確地將客戶需求反映在商品企劃、開發及設計之中。然而，若是活用同步工程，由於行銷部門從商品企劃階段開始便參與其中，更可以開發出更具客戶導向的產品，並且更進一步的透過生產及採購部門與研發部門的合作，將未來製程方面可能預想到的技術問題或特殊事項，在各個製程中加以反映出來，其結果將可設計出更容易生產的產品，同時也可以降低不良率，並在更短的時間內建構出量產及零組件採購體系。

DRAM 開發及生產線的建置時間點

產品類型	64K	256K	1M	4M	16M
開發完成日	1983.11	1984.10	1986.7	1988.2	1990.7
生產線建置完成日	1983.9	1984.8	1987.8	1988.10	1989.4

　　在 DRAM 事業方面，三星也積極運用了同步工程來追趕競爭者，當時三星幾乎同時進行新產品開發及量產生產線的建置。從 DRAM 開發初期起，開發團隊與生產團隊之間便緊密合作，在產品開發期間，由於同時進行量產工廠建置，因此，產品開發完成後，正式導入量產的時間，可以比競爭者快一年以上。如上表所示，甚至生產線建置完成時間點比新產品開發完成日更早的情況也不在少數。

曾任三星半導體研究所所長的三星顯示器社長金奇南認為，三星電子由於開發及生產的完美整合，藉此縮短了開發時間，並快速建構了大量生產體系，奠定了確保競爭優勢的基礎。對此，他做過如下陳述：

"三星電子從設計到大量生產的所有階段，都由工程師共同參與，因此，開發部門與生產部門緊密的進行了整合，由所有部門的工程師一起同步參與開發及生產作業。因為建構了由各個製程的工程師們共同參與所有階段的體制，所以可以共享情報，快速的解決技術性問題。如此一來，在大量生產過程中會出現的各種技術性問題，在開發過程中便可以事先發現，而大量生產的知識，也可以在開發過程中便加以運用。三星電子得以將開發與生產進行緊密整合的最大原因，便是三星是全球唯一將設計與生產工廠設置在同一個園區的企業之故。"

6）透過先行建構 IT 基礎建設以創新流程

如同第四章所述，三星透過在全球建構整合性的 ERP 及 SCM 系統，完成以 IT 為基礎的全公司流程創新，因而使得速度成為其核心能力。依據既有的學術研究指出，經營者越是能確保即時性的營運情報，越能做出優質的戰略性決策，而三星透過以 IT 為基礎的流程創新來確保即時性情報，明顯地有助於其快速的決策及執行力之強化。

尤其在二〇〇八年下半期以後，由於全球金融海嘯導致全球各國對於耐久材的需求大減，導致市場的變動性及不確定性深化之際，三星充分地活用了 ERP 及 SCM 系統，快速地調整了生產、銷售及庫存，因而比 SONY 等競爭對手更快地減輕了金融危機所帶來的打擊。如同第四章所詳述的內容，三星在總

公司設立了全球營運中心，聚集了核心經營團隊，透過 ERP 及 SCM 系統，即時且正確地掌握相關數據資訊，因此得以靈敏地因應多變的情勢。

CHAPTER 6

三星的成功要素 II：融合式綜效創造能力

　　二〇一三年三月三星新款智慧型手機 Galaxy S4 甫推出，美國權威的經濟雜誌《商業周刊》（Business Week）及《富比士》（Forbes）便爭相針對三星智慧型手機的競爭力來源，做了如下分析：

"由於三星直接生產顯示器面板、記憶體、應用處理器等許多技術密集型零組件，因此具備著蘋果等競爭對手無法追趕的彈性，並且藉此可以開發及製造出比競爭者更多種類的產品陣容（line up）。[1]"
　　　　　　　　　　　　　　　　　　　　　　　——《Business Week》

"三星在手機領域得以成功的最重要關鍵之一，在於其零組件是由集團內部自行生產。根據市場調查公司 IHS 將 Galaxy S4 進行拆解分析的結果，其中占零組件價格 63％ 的零組件，均為三星自行生產。尤其是應用處理器或顯示器面板等核心零組件皆為自產之下，在總價為 236 美元的零組件中，其中 149 美元都向自家公司採購。而蘋果、摩托羅拉、諾基亞等全球智慧型手機製造商之中，沒有任何一家企業的自產零組件採購金額占如此高的比重，此為三星產品與其他產品的差異化之所在。透過

自行組裝產品，不僅有利於三星製造終端產品的硬體工程師，也有助於軟體工程師。舉例來說，運用於 Galaxy S4 的 Exynos 5 Octa 行動應用處理器，採取了依據啟動功能而有不同耗電量的所謂混合（Hybrid）模式，由於三星的工程師事先便知道這項特色，因此在撰寫相關軟體時，就可以考量到此點。此外，也具備能夠有效因應市場狀況變化的優勢。[2]"

——《Forbes》

　　三星內部的觀點，也跟外部的看法並無二致。作者在過去十餘年來所訪談過的三星最高管理階層們，大部分均強調透過關係企業間的合作所創造的融合式綜效，是形成三星與其他競爭者產生差異化的最重要核心能力之一。最具代表性的例子便是統轄三星手機及 IT 產品部門的申宗均社長曾經指出：「三星電子無線事業部的戰略性優勢，便在於透過與擁有記憶體、應用處理器、電池等全球一流零組件的關係企業之間的競合，謀求持續性的創新之道。」

　　李健熙會長在三星這種透過合作來培育融合式綜效之核心能力方面，扮演著相當重要的角色。李會長從新經營時期開始，就一再強調將藉由多角化的事業結構來創造綜效，做為主要競爭力來源。

"三星電子是全球罕見的同時具有零組件、數位電子、家電、通訊等事業之企業。而且這些事業部門之間彼此合作及支援系統，目前也運作良好。"

——李健熙，二〇〇二年《韓國經濟新聞》專訪

"二十一世紀競爭力的核心是融合化。將彼此具有關聯性的基礎設施、設備、功能、技術或軟體，進行有效的結合，使其產

生有機的相乘效果，促成競爭力及效率極大化，便是所謂的融合化。　　——李健熙，一九九三年六月三十日倫敦會議

1. 創造綜效之根源——融合式的事業結構

　　三星基於對整合化之正向功能的堅信不疑，在事業結構層面持續採取水平多角化及垂直整合化，如下圖所示。三星推動事業的方式，便是產品融合化（convergence），以及追求主要事業活動的區域群聚化[3]。藉由此一有機性連結，發揮出整體大於部分總和（或是一加一大於二）的所謂「綜效（synergy）」[4]，便是三星一直以來所追求的主要核心能力之一。

透過融合化創造績效

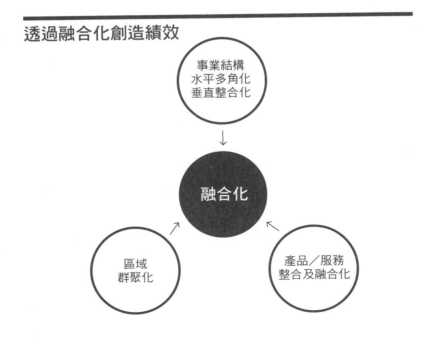

事業結構
水平多角化
垂直整合化

↓

融合化

區域
群聚化

產品／服務
整合及融合化

1）複合式企業及綜效創造

哈佛商學院的蘿莎貝絲‧康特（Rosabeth Moss Kanter）教授曾經直言指出，未能創造綜效的企業集團或複合式企業，沒有存在的意義[5]。事實上，完全沒有辦法創造出綜效，或是反而創造出反效果的複合式企業亦不在少數[6]。若是分析那些在亞洲金融危機中隕落的十餘家南韓企業集團的發展史，經常可以發現這些企業往往是在傾注全公司支援進入的新事業面臨失敗之際，並未即時出售或清算經營不善的新事業，而是持續投入支援，導致出現連帶拖垮主要關係企業的情形。

尤其是彼此沒有關聯，或是由於事業領域較少，而採取水平式擴張的「非關聯型多角化」的情形，又比「關聯型多角化（related diversification）」更容易對成果導致負面影響，此點在許多實證研究中，都已獲得證實[7]。在資源基盤理論中也強調這種產業特性與企業擁有的資源及能力間的動態最佳化，並且依據此一脈絡，批判企業將自身擁有的既有資源及能力，投入於低關聯性領域的非關聯型多角化。但是，以三星的情形而言，正是呈現出以製造、金融、服務為主軸的非關聯型多角化型態，然而其在集團層次，又透過整體的最佳化，確保了創造出獨特綜效的專門知識（Know-how）。亦即，以多角化、垂直整合化、群聚化的事業結構為基礎，建構出創造綜效及合作的體制。

2）融合化時代，綜效之重要性

進入二十一世紀以來，由於網際網路、通訊、數位技術的發達，正式形成了數位革命，產業、產品、服務、商業的整合化，亦即融合的趨勢很明顯地出現。因此，產業的疆界消失於無形，創造以整合化為基礎的新型態商業模式，其必要性不斷變高。尤其是此種傾向更為強烈的電子產業，在二○○○年代，設備

便已全面整合，到了二〇〇〇年代後期，更進入了通訊、廣播、服務正式融合的網絡整合階段。在二〇一〇年，隨著智慧型終端產品、社群網絡（SNS）、雲端運算的快速擴散，更形成了所有事物都內嵌於電腦網絡的所謂無所不在（ublquitous）的時代[8]。

處於這種融合時代、無所不在的時代，在企業集團中擁有複合式事業群的南韓企業，相較於專業型的國外企業，更能夠確保競爭優勢。這是歸因於在集團總公司的掌控之下，共享共通的企業文化及理念等面向，將能在企業集團內部形成更順暢的溝通，以及協調利害關係，而三星便是最具代表性的案例。

三星建構了包括半導體、LCD、數位多媒體、生活家電、通訊設備等，從核心技術及零組件，乃至套裝產品之符合數位匯流（Digital Convergence）時代的事業結構。以如此多角化及垂直整合化的事業結構為基礎，透過產品與產品、產品與零組件、產品與系統的負責單位間的合作，創造出融合式綜效，而成為數位匯流時代的領先者。在數位匯流時代，由於產品快速整合化及網絡化，唯有最先提供符合客戶需求的解決方案之企業才能蓬勃發展[9]。因此，具備數位匯流時代所需的技術及事業，擁有獨特的快速決策及執行力，以及以強烈的家族企業主之領導力與管理系統為基礎，並且具備有機協調多元化事業能力的三星，得以站在有利的立場，也絕非偶然。

3）三星式複合事業結構之歷史根源

三星之所有擁有這種多角化、垂直整合化、群聚化的整合式事業結構，與其他南韓企業集團的情況一樣，都是在一九六〇年代以後的經濟開發過程中，開發中國家所出現的特色[10]。究其根源，可以歸因於在成長為大型企業的過程中，當時的外在環境，尤其是外部資本及金融市場、勞動市場、商品市場等

等都不發達，相關的零組件、材料產業也是如此所導致[11]。形成了以財閥集團為中心的經濟後，若是不想向其他具有競爭關係的財閥集團採購零組件、材料及服務，就只能從國外進口，或是自行生產。因此，三星也如同其他財團集團一般，成為自行生產零組件、材料及服務的企業集團，藉由創造出內部市場以克服外部市場的不完整。

目前，由於南韓現行法規方面的限制，上市的關係企業間很難透過資金轉移來進入新事業，不過，以往三星是可以透過創造出內部資本市場，從各個關係企業來募集資金，以進入具有潛力的新事業。

另一方面，為了因應具有策略洞察力、優秀經營管理能力及技術力的經營者、管理者及工程師不足的外部勞動市場落後情形，三星將「人才第一」視為最重要的價值，積極在內部培育人才，並將這些人才輪流分配至集團內部各個新事業領域，有效的活用於創造內部人力市場。此外，由於南韓長期欠缺具有公信力的品質認證機關、制度，以及消費者保護機制，三星為了營造出具有高品質及公信力之產品的品牌形象，也致力於形成關係企業間具有一貫性的品質管理及消費者保護制度，以便從內部來補強外部商品市場的落後性。

三星進入半導體事業的成功案例，便是這種創造內部市場機制的典型案例，三星電子以原有三星關係企業的積極支援為基礎，因而可以在短期間內確保超一流的競爭力。

"若非集團的人力、技術、資金、海外行銷等能力集中於半導體，三星將無法達成今日的巨大成功。"

——李弼坤 前任三星物產會長

後來，三星成功地進入 LCD 產業，也是憑藉這種集團的力量，尤其是透過在電子及半導體事業所累積的資本能力、技術力及人力的移轉，而獲得成功的代表性案例。當然，三星也有進入汽車產業的失敗案例，因此，並非由集團來集中投入資源進入新事業，就一定會成功。有時，當進入新事業失敗時，也會連累提供資金的關係企業，使原本體質強健的公司也跟著經營不善，而導致整個集團破產及崩潰的風險。

但是，透過多角化、垂直整合化來創造綜效的策略，若是有卓越的經營者及管理系統為後盾，以此做為協調機制而善加設計及管理的話，便能成為專業型企業難以模仿，而且可以進行差異化的競爭優勢之根源 [12]。美國奇異電子或三星電子正是最佳實例。以三星電子的情形而言，由於特定事業部的成功經驗以及此過程中所累積的資源及能力，快速的傳承給其他事業部，因此，許多事業及產品幾乎可以同時，而且是在極短的時間內，接近世界一流水準。這可說是透過在一個公司內所存在的各種事業及產品的妥善連結及調整，使得組織內的技術、人才、資金、情報都產生良性循環的結果。亦即，透過共享半導體事業登上世界高峰所確保的一流 DNA、專業知識（Know-how）及品牌力等，使得顯示器面板、電視、手機、家等事業，依序都確保了全球水準的競爭力。此外，藉由多角化的事業結構，即便特定產品領域遭遇不景氣循環，仍然處於良好景氣的其他產品，也可以創造出穩定的營收及獲利。

2. 如何創造融合式綜效？

三星如何試圖透過事業結構的多角化、產品的整合化、廠

房的地域群聚化、產品的垂直整合化來創造融合式綜效呢？針對企業策略（corporate strategy）的綜效類型，許多專家已有各式各樣的定義，大致可以區分為兩類，一是透過核心能力的移轉及連結進入新事業，或是透過共同開發商品及共同行銷等，以擴大銷售，或透過共享服務以降低成本等，實現可視性及快速性綜效；二是藉由共享專門知識（Know-how）及品牌，而形成無形之長期性綜效[13]。依據專門研究綜效的代表性學者麥克・古德（Michael Goold）及安德魯・坎貝爾（Andrew Campbell）的分類，綜效的類型可以區分為共用有形資產（shared tangible resources）、分享訣竅（shared know-how）、聯合議價能力（pooled negotiating power）、協調策略（coordinated strategies）、垂直整合化（vertical integration）、結合開創新事業（combined business creation）等，藉此所追求的價值則可包括擴大銷售、降低成本、共享知識及情報等。

　　如下頁圖表所示，三星式綜效的出發點是擔任整個集團核心角色的家族企業主，以及所謂「一個三星」的文化共同體之意識，在此一基礎之下，未來戰略室進行各個關係企業間的協調及監控；關係企業及事業部之間，以及各個功能之間，則透過各種委員及會議，共享技術、情報、知識及品牌，並在內部針對互相衝突的利害關係及活動進行協調。而三星特有的群聚化及知識經營系統，則促進及活絡了此一過程。透過融合式綜效可以藉由分工合作及整合來擴大營收，並可提高成本競爭力，強化組織整體的軟性競爭力，對於三星的競爭力具有莫大貢獻。

三星式綜效創造能力之結構

綜效創造能力

主要構成要素	擴大營收 —創造新事業 —性能提升、差異化 —產品／技術共同開發 —確保穩定需求來源	降低成本 —集團共有服務 —透過垂直整合化降低成本及提升對外議價能力	強化軟實力 —共享情報、技術、核心能力 —擴散最佳實務（best practice） —共享品牌溢價
文化及系統	—家族企業主的核心角色 —企業文化共同體	—未來戰略室的協調／監控 —關係企業／部門間的委員會 —群聚化（clustering） —知識經營體系	

1）擴大營收型綜效

三星藉由集結集團的資源、能力，尤其是領先事業的成功經驗、核心能力、人力及主要資源，成功的進入新事業，或是透過共同開發及行銷來擴大營收，以謀求持續性成長。

LCD 事業成功案例

例如，在進入 LCD 事業時，藉由從產業本質方面連貫性高的既有事業移轉已累積的核心能力，在短期間內成長至全球第一，並創造出大規模營收，便是最具代表性的成功案例。LCD事業與半導體事業均為重視生產良率（yield rate）的大規模設備

產業，其製程特性等產業本質相當類似。三星在一九九〇年代初期已經確保了記憶體半導體領域的世界第一製程技術能力，因此，透過將藉此所累積的技術專業知識、經驗豐富的人力移轉至 LCD 產業，得以在短期內確保符合 LCD 產業本質的核心能力。此外，LCD 及記憶體半導體的客戶有 90％的重疊性，透過營業網絡的整合，也能提供客戶一站式服務，同時提高了對客戶的議價能力，並可減少建構營業網絡的費用。

手機事業的成功案例

在產品開發方面，三星電子的半導體部門於創造綜效過程中，一直擔任著特別核心的角色，因為半導體是確保手機、電視等終端產品的開發、性能提升及差異化競爭力非常重要的關鍵。例如，在二〇〇〇年代初期，三星的半導體部門為其手機事業設計及生產出可實現 40 和弦的晶片，以及手機用顯示控制晶片等系統半導體產品，而且，透過系統半導體部門與通訊部門的合作，也開發出數據晶片。最近，三星電子半導體部門也領先開發出搭載於三星智慧型手機 Galaxy S4 的 Exynos 5 Octa 行動應用處理器等，全球最高性能的智慧型手機應用處理器，並且供貨給三星電子手機事業部，對於確保三星智慧型手機的競爭優勢居功厥偉。此外，顯示器面板事業與手機事業間，也維持著深厚的合作關係。三星顯示器公司最近領先全球開發出手機用的 AM OLED 面板後，由於產能不足，約有 90％的產量只供應給三星手機事業部，此點亦相當有助於三星確保其智慧型手機在畫質方面的競爭優勢。

半導體及顯示器面板、手機事業的綜效現況

如上圖所示，在此過程中，三星半導體事業部或三星顯示器公司，不僅從全球第一的三星手機事業部確保了穩定的供貨來源，也活用其作為新技術產品的測試平台，透過手機事業部獲得快速的回饋，使得產品可以更快速升級，也可以提供外部客戶更優質的產品。

電視事業成功案例

一如上述，透過零組件及終端產品部之間的合作所創造出的整合綜效，也很明顯的出現在數位電視事業，例如三星在一九九五年所開發出的 Plus One TV，便是一種以往不曾出現過之新概念的寬螢幕映像管電視。在開發此一產品的過程中，三

星由分別來自集團下的四個電子領域關係企業（三星電子、三星SDI、三星電機、三星康寧）的五十五名研究員組成任務小組（task force），每個月進行二至三次的業務協商，結果在七個月內便開發出新款電視產品，並且獲得了巨大成功。此外，在開發可大幅改善數位電視畫質的DNIe晶片等電視核心晶片組，以及建構量產體系的過程中，三星綜合技術院及半導體事業部亦貢獻良多。而透過與製造LCD面板的關係企業三星顯示器公司的合作，不僅實現了面板超薄化及外框極窄化的一體成型（one design）之結構創新，同時也透過主要零組件的整合設計，形成了產品差異化及成本競爭力。

這種藉由零組件與終端產品間的緊密合作體制以創造整合綜效的作法，使得三星可以透過差異化及先發制人的提升產品性能來擴大營收及提升市場占有率。此外，從三星進入LCD及OLED事業的案例也可以看出，透過把核心事業所累積的成功經驗、核心能力、人力及資源移轉至新事業，也成功帶動新事業的營收擴大。而三星更進一步地透過垂直整合化，達成穩定的零組件及材料供應，這對於大量採購三星產品的客戶而言，也成為具有魅力的交易條件，有助於提升三星的客戶議價能力，且為參與此合作體系的所有關係企業帶來雙贏效果。

2）降低成本型綜效

三星透過創造出集團層次的共用服務（shared services）功能及共同採購，強化其採購時的議價能力，並藉由垂直整合化等等方式，創造出降低成本之綜效，其中最具代表性的共用服務組織，便是三星人力開發院。在此一機構中，整合提供經營者及管理者的教育訓練，相較於由各個關係企業分別進行教育訓練課程，更能提高專門性及效率性，而且也更能節省成本。以

集團的技術、經營層面而言，向來擔任智庫（think tank）角色的三星綜合技術院及三星經濟研究所，也可說是類似的例子。

另一方面，三星建構了全球電子產業中罕見的高度垂直整合化體系，同時培育了零組件與材料部門，以及終端產品部門。在二〇〇〇年代初期，三星約有 40％左右的手機零組件、材料是透過內部採購，而到了智慧型手機 Galaxy S4 時期，則上升至 63％，透過此一垂直整合化，生產終端產品的企業在確保零組件及材料之下，便可透過縮短開發時間及進行整合性設計等來降低成本 [14]。此外，基於交易成本經濟學（transaction-cost- economics）的觀點而言，由於產生了供應商的機會主義（opportunism）預期成本，也可以獲得減少交易費用，迅速及穩定的採購主要零組件及材料的好處 [15]。例如，三星的手機事業部大部分的主要零組件，便是向三星半導體事業部、三星電機、三星 SDI、三星顯示器等關係企業採購，而三星顯示器公司也是穩定地向三星康寧精密材料採購諸如 LCD 基板等核心零組件。

3）強化軟實力型綜效

三星將關係企業進行連結所創造出的綜效，還可顯現在強化軟實力方面，例如透過密集的共享情報、知識、核心能力，以及在集團內擴散最佳實務（best practice）、共有高溢價品牌等等。

共享情報及最佳實務

由於三星集團內部幾乎涵括了所有主要產品，因而可以確保全球所有電子產業的相關產業及技術情報。此外，擁有各種技術及產品的事業部門之間不僅彼此密集地交換情報，也經常

針對新產品整合、技術整合進行共同探討，因此，可以比競爭對手更容易推動整合化。當然，透過與外部企業的策略聯盟或外包，也可以進行情報交流及技術共同開發，不過，關係企業乃至於事業部間的情報共享，由於是基於共同的語言及文化，在共同的管控及協調的體制下運行，因此具有可以減少交易成本及縮短時間的優點。

一如上述，情報共享之後，更進一步便可以熱絡地展開知識、專業技術（know-how）、最佳實務等核心能力的移轉及共有，最具代表性的案例，就是前面所詳述的半導體製程技術及知識，移轉至 LCD 部門，尤其是具有全球第一經驗的半導體事業部的高階核心人才，轉任至三星的電子相關事業或集團旗下其他公司的經營團隊，透過人員的交流，也使得知識的移轉及共享更為活絡。

三星在最佳實務（best practice）方面的共享，也十分活絡，最具代表性的案例，便是六標準差。三星員工藉由六標準差此一共同語言及思想，強化了一個三星（Single Samsung）的共同體，也使其綜效經營的基盤更加穩固。這可說是透過特定關係企業成功確立了經營上的最佳實務，然後擴散及移轉至整個集團而創造出經營管理面綜效的典型案例。

品牌共享

此外，依據國際品牌顧問公司 Interbrand 公布的全球百大品牌排名，三星在二〇一三年位居第八，透過共享世界水準級的三星品牌，也使其獲得相當程度的綜效。最近，三星的數位相機、筆記型電腦、印表機、白色家電產品等原本在全球市場表現並不亮眼的事業，其全球市場占有率也穩定上升中。如同 Galaxy 相機的例子一般，雖然透過關係企業的合作而創造出產

品差異化及節省成本的綜效也相當大，但是全球一流的三星手機及電視的強大品牌光環，亦對其加分不少。

二十一世紀隨著全球知識經濟時代的來臨，透過知識、情報、最佳實務、品牌等無形資產共有的綜效，漸漸變得比直接透過內部採購所達成的擴大營收型或節省成本型綜效更為重要。在亞洲金融危機之後，股東、政府等主要利害關係人對公司治理結構帶來的壓力更加強化，事實上已經很難如同以往一般進行關係企業間的資金等有形資產的移轉或共有。但是，諸如三星電子這樣的大型公司組織，由於內部包含了半導體、資通訊、數位家電等主要部門，依然可以進行資源及能力的集中、移轉及共有。此外，以集團層面而言，透過各種交流機制進行關係企業間的情報及知識、專門技術、品牌等各種無形資產的共享，也成為集團層次綜效的根源，其重要性日益升高。

3. 創造綜效之基礎結構與系統

三星深刻了解到透過集團內部主要事業及產品的整合化以創造綜效，是其主要核心能力的來源，因此早就致力於確立基礎架構及相關機制。三星所建構之創造綜效的主要架構及機制如下頁圖表所示。

三星式創造綜效之機制

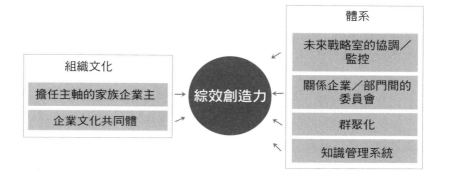

——具有擔任軸心的家族企業主；

——共同的價值、文化、語言及身為三星人的強烈歸屬感及連結感；

——未來戰略室在關係企業間扮演的協調及監控功能；

——商議關係企業及事業部間合作方案的各種委員會；

——透過建構群聚化、知識管理系統形成知識共同體。

1）領導結構與組織文化

家族企業主——創造綜效的主軸

　　三星的家族企業主向來擔任著發揮整合式綜效的出資者（sponsor）及軸心的角色。在新經營之際便提出複合式綜效觀點的李健熙會長，曾經一再力陳三星競爭力的核心便是整合化。此外，為了成功達成三星最近所強調的創造經營，李會長也大

力標榜融合式綜效的重要性。

李會長在二〇〇七年的新年賀詞中指出：「有別於二十世紀是以生產力為中心，現在是著重於技術能力、行銷、設計、品牌等軟實力，強調整合性創造力的時代。」而創造經營也是透過融合式綜效才有可能實現。

企業文化共同體

三星透過共同的價值、文化、語言，形成企業文化共同體，並且藉此讓不論在任何一個關係企業工作的員工，都具有身為三星人的強烈歸屬感及連結感，因而創造出關係企業間的合作及綜效，這是為何三星的各個關係企業雖然屬於不同的公司，各自由其董事會來獨立經營，卻仍然有著共同的理念及價值觀之故。

如同上述，在形成一個三星（Single Samsung）的強烈歸屬感方面，三星集團的人力開發院所推動的教育訓練課程、SBC集團廣播及單一企業網都擔任著重要的角色。尤其是人力開發院，更類似於奇異公司的紐約州克羅頓維爾（Crotonville）學院，提供了高階管理人才的培育課程，以及職級別的共同教育訓練，使得各個關係企業的員工們，可以感受到集團層次的整體感。此外，人力開發院也成為掌握各個關係企業現況及優勢，摸索共同事業機會的場所。透過集團層次的各種教育及交流場合，三星人學習到共同的語言，這成為各個事業部門或關係企業進行合作時，得以減少溝通成本及時間，發揮團隊力量的重要基礎。

2）創造綜效之系統

未來戰略室及綜合性組織之協調及監控功能

具有多個事業部型態之關係企業，屬於M型結構

（multi-divisional structure）的企業集團，其總公司（corporate headquarter）內部負責掌控及協調各關係企業之關係的綜合性組織，將擔任重要的角色。而有關企業多角化策略及創造綜效的學術研究亦顯示，為了創造出企業集團之綜效，總公司必須設有具備主控台（control tower）角色的組織，以及針對企業整體績效進行連動性評鑑及獎勵。

三星綜效經營的核心，便是李健熙會長，以及擔任其幕僚，且實際擔任集團總公司角色的未來戰略室。未來戰略室具有監控及協調關係企業之功能，除了負責管制事業結構調整及無形資產共享之外，更重要的是擔任戰略、知識及支援的主控台角色。

追求綜效經營的外國複合型企業，大部分也在總公司設有類似三星未來戰略室功能的組織。迪士尼（Disney）公司的「綜效小組（Synergy Group）」便是最典型的例子，該組織設於總公司旗下，擔任集團層次的資訊共享、共同廣宣、綜合協調促銷（promotion）計畫等角色 [16]。一如上述，複合型企業或企業集團為了追求綜效經營，務必要設有可以協調事業單位間互相衝突之利害關係的組織。

三星除了未來戰略室之外，也透過設立綜合性組織，針對關係企業及事業部門間如何創造綜效，發揮協調的功能。例如，三星電子於二〇〇四年為了透過關係企業及相關部門間的技術開發協作（coordination）來提升數位匯流及研究開發之綜效，將三星電子的技術長（Chief Technology Officer, CTO）升格為技術總監，進行組織重整。全球金融海嘯之後，三星在組織瘦身的過程中，雖然將技術總監的職位解除，但是其綜合協調的功能，則由綜合技術院承接，試圖藉此持續維持研究開發之綜效。

關係企業及事業部間的委員會及工作推進小組（Task Force Team, TFT）

三星的經營方針也是運作得一絲不苟，以所謂「同一方向」來落實。每年年初，當集團的經營方針公布之後，關係企業及事業部便以此為基礎，連結至各自的經營方針。此外，在集團層次乃至關係企業層次，也會透過最高領導人、主要高階主管、特定領域專家的各種正式、非正式的委員會之聚會，將創造綜效之方案進行更具體的討論及決議。

在關係企業的社長團會議中，則是會討論關係企業間的合作方案，以及未來事業促進方案等，並在各個CEO的主導之下，使討論的結果具體落實。在社長團會議延伸之下，還有各級主管間所進行的協議會，而由各公司的技術長聚集起來所召開的定期技術協議會，便是其中之一。

另一方面，為了達成特定目的所組成的工作推進小組或委員會，也有助於創造綜效。三星電子內部為了將全公司戰略朝同一目標推進，並且共享經營專業知識、協調各事業部門間的利害關係，也透過各種委員會來誘使事業部之間的活動具有一致性。此外，主要功能別的交流會也活絡地展開，例如，每年全球各事業部的人力資源（Human Resource, HR）負責人聚集在三星人力開發院，以討論三星人力資源走向的HR會議，便是其中一例。

群聚化

三星為了強化關係企業間，以及公司內事業部間的綜效創造，主要活用的有效策略，便是將相關的公司或事業部門，乃至主要功能性機構等，全都設於同一個園區，或是相鄰地區[17]。透過群聚化可以提升同步工程的效率性，大幅縮短從產品開

發到建構量產體制的時間，並且促進知識及情報的移轉及共享，另一方面，也可以大幅節省物流運送的費用及時間。

而且，三星所追求的各關係企業及事業部門研究所的群聚化，是透過更緊密的研究開發合作，推動與競爭者進行差異化及整合化的新技術及產品開發。尤其是以三星在南韓水原廠的情形而言，最近包括電視等數位影像設備、生活家電、手機及IT等主要終端產品事業部門的研究所，全都聚集在此，形成大規模的研究開發群聚。例如，在二○○一年於水原所設立的情報通訊研究所，便將原本分散於首爾、水原、盆唐、器興等地的通訊相關研究人力及通訊相關的半導體研究人力，全都集合起來，以強化研發綜效。二○一三年，三星為了強化智慧型手機研究能力，在水原園區新設了可容納一萬名員工，堪稱南韓國內最大規模的 R5 研究所，將智慧型手機相關的研發人力全部聚集於此，而半導體及顯示器相關的主要研究所，則聚集於器興園區。在速度便是競爭力的時代，將具有一站式（one-stop）體系的綜合研究所進行群聚化，將可促成綜效極大化。

三星在海外的區域群聚化實例

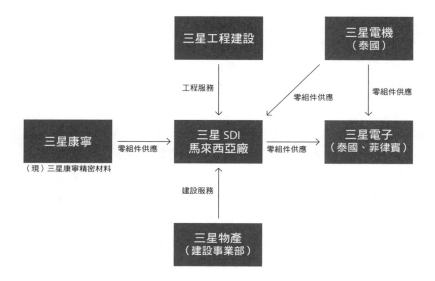

一如上述，三星在進入主要海外市場時，同樣也導入了地區群聚化的模式。最具代表性的案例，便是馬來西亞森美蘭（Sembilan）園區。森美蘭園區是三星 SDI、三星康寧、三星電子等三星關係企業共同開發的首個海外複合式園區。

透過此一方式進軍海外市場，不但使得三星可以節省物流成本，也能在教育、雇用、資訊共享、經營當地政府關係等方面，創造出綜效。此外，在手機部門初次進入海外市場時，也相當程度也是活用了原本以家電部門為中心所建立的海外營業據點、物流網絡及情報，才得以更為迅速地推展海外事業。

知識經營體系

最近，為了因應重視無形資產，尤其是知識財產權的知識經濟時代的來臨，三星集團亦致力於透過關係企業及事業部間順暢的知識共享來創造綜效。最具代表性的案例便是建構及活用知識管理系統（Knowledge Management System, KMS）。亦即，透過集團層次的「單一（single）」知識管理系統，三星員工們共享彼此所擁有的國內外資訊，並且提供形成知識共同體的網路社群活動。

此外，為了建立關係企業間可以創造出綜效的基礎架構，三星自二〇〇〇年起，便開始舉辦三星技術展，藉由集團內主要的關係企業展示其技術成果，並且舉辦技術論壇等方式，使得集團內和公司的研究開發人才齊聚一堂，成為建構技術交流及創造綜效之網絡的場合。三星更進一步於二〇〇四年起，舉辦三星學會，以便透過技術交流來提升技術人員的能力。

總而言之，三星依然維持著複合式的事業結構。三星為了促進融合式綜效，發展出各種機制，藉此來因應「數位匯流」時代的來臨，並且以融合式綜效為基礎，因應專業型企業來創造出其競爭優勢。

CHAPTER 7

三星的成功要素 III：
演進式創新能力

"我認為三星的成功關鍵，在於以消費者需求為基礎的持續創新。以電視的情形而言，三星預先看到數位化的典範轉移趨勢，領先全球率先推出數位電視而奏效。此外，在半導體、顯示器等關係企業的合作之下，自二〇〇六年以來陸續領先開發出波爾多（Bordeaux）、LED、3D、智慧型電視等創新產品，穩居全球第一寶座。在智慧型手機方面，也由於正確預測到市場及技術趨勢，快速與開發安卓平台的谷歌攜手，持續進行以消費者需求為主的技術開發，推出了諸如 Galaxy S 及 Note 等創新產品，因而能夠獲得世界冠軍的地位。"

——金昌龍 三星電子副社長、DMC 研究所所長

在日益激化的全球競爭中，若要成為領先企業，必須持續開發新產品及新技術，

為此，三星以後進業者之姿，在必須具備學習及創新能力的電子及半導體事業，躍升為全球一流企業。而三星之所以能在半導體、OLED、智慧型手機、數位電視領域登上全球一流地位，最重要的原動力便是透過持續的組織內部學習及創新，形成活絡的知識創造、共享及擴散效應，而建構出強而有力的「學

習型組織（learning organization）」。學習與創新是三星的經營管理最重要的關鍵字之一，三星在技術及經營管理層面均追求全方位的持續學習及創新。

在此過程中，三星明顯地採取技術優先戰略，為了建構自有研發能量，積極地持續進行長期投資，必要時，即使要投入巨額資金，也會果敢地去挖角天才級的工程師，或導入尖端技術，以促進技術改良及發展。此外，這些以各種管道從外部所確保的知識，則透過內部自行投資予以整合，以開發出創新產品或技術，形成全球最高水準的動態能力。二十一世紀以來快速進入知識經濟時代，情報、知識及內容革命接踵而至，因此，製造業也由透過確保大規模的生產設備來創造規模經濟或製造競爭力這種硬體為主的競爭力，轉為更重視提供創意、軟體、內容、品牌及客製化解決方案等軟性價值，以及以此為基礎的創新[1]。因此，三星更加致力於以技術創新為主的創新能力。三星認知到必須無止境地進行技術創新，經常拓展新領域，並具備未來導向，因此將持續透過技術及產品的創新，以確保最卓越的競爭力視為經營最高準則。

為了將創新能力提升至全球最高水準，三星最高管理層展現出學習、改變及創新導向型的領導風格。尤其是透過設定唯有創新才能達成的挑戰性目標，鼓吹組織無盡的危機意識及挑戰精神。此外，藉由對研發的大規模投資，持續強化內部創新能力。尤其是積極培育人力開發院、綜合技術院及經濟研究所等專門性學習組織，以形成更系統化、更長期的三星知識創造主體。此過程中，三星在學習及創新方面，也發展出多元的親和文化、組織結構、系統及流程。

為了確保先進知識，三星也積極與先進企業進行策略聯盟以及借鏡其作法。最近，為了獲得外部知識，三星也透過開放

式創新及擴充海外研究所，積極建構全球研發體系，尤其是三星早就體認到具有競爭價值的知識，最終是由人所創造而來，因此格外重視人才的累積，在人才第一的價值觀下，透過積極的教育投資以確保創造知識的核心人才，並開發出員工們的能力，藉此試圖形成知識在組織內部分享及擴散。

1. 三星演進式創新能力之現況

1）演進式創新能力

　　三星透過積極的投資於這種內部創新能力及外部知識吸收能力，使其「演進式創新能力」提升至全球最高水準。所謂的演進式創新能力，意指在現存的技術路徑或產品專業領域（domain）中，將原有的技術或產品更一進步發展的創新型態。企管學者將這種既有路徑或產品的延伸性創新，定義為漸進式創新（incremental innovation）、活用式創新（exploitative innovation）、連續式創新（continuous innovation）或維持性創新（sustaining innovation）[2]。

　　本書中並未採用這些現有用語，而是使用「演進式創新（evolutionary innovation）」這個新名詞，這是由於三星雖然是在既有技術及產品路徑之內，顯現出卓越的創新能力，然而，其型態隨時間別而有所不同，並且日益演進發展。亦即，在成為全球第一之前，三星所展現的創新能力，主要是快速跟隨者為了追趕全球領先企業進行既有產品成本節省，或是追加新功能進行差異化的型態，屬於名副其實的漸進式創新。

　　然而，當三星在各個領域成為領先者之後，其所展現的創新雖然還是在既有的技術路徑之中發展而來，但是卻擴大了創

新之領先技術的技術疆界（frontier），或是在既存產品專業領域之內，創造出新的產品範疇（category）；前者的代表性案例便是將記憶體半導體設計，領先全球首度導入 3D 結構，或是率先開發出運用於 LED TV 的側面發光型（edge）技術；後者的代表性案例則是透過 3D TV、智慧型電視、Galaxy Note 等，創造出智慧型手機的平板手機（Phablet，由 Phone+Tablet 組成）

產品類型，以及領先全球開發出混合性記憶體（Fusion Memory）及主動式有機發光二極體（Active Matrix Organic Light Emitting Display, AM OLED）等等。

一如上述，最近三星的創新已經發展為擴大技術疆界，或是創造出新的產品範疇的水準，難以用傳統的漸進式創新、連續式創新或是維持性創新的概念來解釋，因此本書改以「演進式創新」來說明；不過，三星仍然未曾主導性的創造出前所未有的新技術路徑，或是新的產品專業領域及商業模式，以改變世界的非連續性創新（Discontinuous innovation）乃至創造性革新（creative innovation），無法稱之為全球超一流企業。

三星亦承認其未來的課題是透過強化創造性革新能力，以躍升為全球超一流企業，並且自二〇〇六年以來，加速創造經營。三星電子認為成為引領全球知識經濟時代的超一流企業之首要條件，便是具備可以主導產業形成新事業、產品、服務的技術創新，而為了創造出新的事業群，或是改變產業趨勢的尖端事業及一流產品，最重要的莫過於確保創造性的核心能力。

因此，三星以因應尚未具備的創造性革新能力之概念，形成本書所謂的演進式創新能力。三星在既有的技術路徑及產品專業領域中，由創新的速度、新技術及新產品開發能力及專利數等研發效率層面來看，都被公認已達到世界最高水準，因此，三星的「演進式創新能力」可說是三星主要的成功關鍵要素，

可持續競爭優勢的來源。

2）三星之現況

　　如下圖所示，目前三星在半導體、顯示器面板、電視、手機等電子領域的主要產品，已經透過演進式創新確保了全球第一的地位。以半導體的情形而言，自二〇〇三年主導 DRAM 的 Giga 世代交替趨勢以來，二〇〇六年九月透過與三星綜合技術院合作開發出電荷擷取快閃記憶體（Charge Trap Flash, CTF）技術，也被評斷為自一九七一年非揮發性記憶體首度開發出來之後，足以取代已導入商用化三十五年的儲存型快閃記憶體（NAND Flash）的新概念技術。此外，三星在 DRAM 及快閃記憶體方面均領先全球率先採用 3D 結構，進一步拉開與競爭對手之市占率落差，並且領先全球開發出次世代半導體 PRAM 的商用化產品，在次世代新款記憶體的開發競爭方面，也居於領先地位。

三星電子之主要演進式創新案例

1990 年代	2000 年代	2010 年代

半導體

64M DRAM（1992）全球最初	DRAM 記憶體全球第一（1992）	NAND Flash 記憶體全球第一（2002）	快閃記憶體全球第一（2002）	60 奈米 8Gb NAND Flash（2004）	30 奈米 64Gb NAND Flash（2008）	行動處理器（AP）全球第一（2008）	行動影像感測晶片（CIS）全球第一（2008）

電視

精品 Plus One TV（1996）全球首度 16:9 規格	數位電視（1998）全球首度量產	102 吋 PDP（2004）全球最大尺寸	波爾多 TV（2006）全球第一	電視市場全球第一（2006）	Crystal Rose 液晶電視三年連續全球第一（2008）	LED TV 問世（2009）創造新市場

手機

SH-700（1995）南韓國內第一	SH-100（1996）全球首款 CDMA 手機	SH-220（1999）南韓國內第一	Uproar（2001）全球首款 MP3 手機	SGH-T100（2003）首款搭載 TFT-LCD 螢幕手機	SGH-B100（2005）首款數位多媒體（DMB）手機	智慧型手機全球市占率第一（2011）	手機市場全球第一（2012）

半導體之演進式創新案例

　　三星為了因應半導體產業的典範由個人電腦主導的市場轉移至行動及數位消費性產品，而且所有 IT 產品的功能都整合至一個行動裝置的「行動匯流（Mobile Convergence）」時代，藉由開發出混合式記憶體（fusion memory），積極地開創出獨有的市場。三星在二○○四年開發出同時具讀取速度快的編碼型快閃記憶體（NOR Flash），以及寫入速度快、可以實現大容量功能的儲存型快閃記憶體（NAND Flash）之優點的全球首顆混合式記憶體「OneNAND」。然後，在二○○六年又成功開發出將手機等行動裝置用 DRAM 及 SRAM 等兩種記憶體整合為一的第二顆混合型記憶體──「512Mb OneDRAM」。三星主導的創新型混合記憶體，不僅有助於行動及數位裝置的小型化、輕量化、超薄化、高功能化，也使得一直以來擔任中央處理器（CPU）之輔助角色的記憶體半導體，轉化成為系統中樞的角色。三星憑藉著此一技術能力，將混合性記憶體的需求領域，拓展到智慧型手機、高畫質電視（Full-HD TV）、雙向互動電視、數位相機、數位相框等新型應用產品市場。此一混合式戰略係透過三星內部的「整體解決方案」，領先開發出混合式記憶體，使得三星成功轉型為全球最高水準的整體行動解決方案業者。

　　最近，原本發展情形不如於記憶體半導體的系統半導體領域，三星也開發出演進式的創新技術產品。尤其是擔任智慧型手機大腦的行動應用處理器（Application Processor, AP）領域，其演進式技術創新也相當出色。三星的系統半導體事業部最近領先全球成功開發出採用 big.LITTLE 架構，具備八核心（Octa core）的行動應用處理器 Exynos 5 Octa，該產品已經搭載於三星最新款的智慧型手機 Galaxy S4。由於在行動應用處理器的持續領先創新，二○一二年三星在高價的四核心（quad core）應用處

理器市場，也以74.6％的壓倒性市占率，取得全球第一的地位[3]。

顯示器面板的演進式創新案例

三星在顯示器面板事業向來也具有傲人的演進式創新能力。以近來浮上檯面的 OLED 顯示器的情形而言，三星由於率先成功量產，並創造出新的行動裝置用 AM OLED 技術，而寫下了壓倒性的市場占有率紀錄。在 LCD 面板的情形也是領先全球開發出快門式眼鏡（Shutter Glasses）的 3D 面板，有助於提升其全球電視市場占有率。三星綜合技術院則是在二〇〇四年領先全球開發出採用奈米技術的奈米碳管場發射顯示器（Carbon Nanotube Field Emission Display, CNT-FED），此一產品相較於電漿顯示器（PDP）及液晶顯示器（TFT-LCD），具有低耗電、超薄的優勢，並可展現出最自然的色感，成為最受矚目的次世代顯示器技術。

最近，三星在通訊相關技術方面，也提升至全球最高水準，除了率先開發出無線寬頻網路通訊技術 WiBro（Wireless Broadband），並且供應給美國屈指一數的電信營運商 Sprint 之外，在二〇〇六年也領先全球開發出第四代行動通訊技術，且成功完成試演。而在手機方面，三星亦率先開發出雙模折疊型手機（Dual folder phone）、MP3 音樂手機，接著又領先全球率先推出採用 TFT-LCD 螢幕的手機，持續地開發出演進式的創新產品。進入智慧型手機時代之後，三星也持續維持演進式創新，最具代表性的例子，便是開發出採用觸控筆解決方案，可提供筆記等多樣化功能，結合了智慧型手機與平板電腦的平板手機（Phablet）的新產品——Galaxy Note。

數位影像產品的演進式創新案例

在數位影像產品方面，三星也透過演進式創新來提升市場占有率。三星歷經十餘年投入了五百億韓圜研發費用及六百名研發人力的結果，終於在一九九八年領先全球將數位電視導入量產，在此一過程中，由於確保了一千五百項核心技術專利，因而得以在二十一世紀打敗日本 SONY 公司，成為其稱霸數位電視領域的轉機。此外，三星也在二○○○年領先全球開發出同時具備 VCR 錄影機及 DVD 播放功能的組合式（Combo）DVD 播放機，成為主導數位匯流的產品。二○○六年三星率先推出藍光播放機（Blu-ray Player）而擊退既有的日本業者，也奠定了在次世代 DVD 播放機領域的全球領導地位。

在數位電視方面，三星尤其與其系統半導體、顯示器等關係企業維持緊密關係，透過每年推出引領市場的演進式創新產品，鞏固其世界第一的寶座。例如在二○○六年推出設計新穎的波爾多電視，接著在二○○七年推出雙重射出 ToC（Touch of Color）電視，二○○九年則推出創造新產品範疇的 LED 電視，而獲得大幅成功，三星首先開發出側面發光型（edge）技術，並應用於產品中，而推出了同時提供消費者超薄（29.9 公釐）的創新設計，以及高畫質 LED 電視。

三星數位電視事業部一鼓作氣的透過與三星顯示器公司合作，於二○一○年推出快門式眼鏡（Shutter Glasses）的 3D 電視，接著在二○一一年藉由開發智慧電視，再次展現出開創新產品範疇的能力。二○一三年，三星一方面推出使智慧電視功能進級，具備節目推薦功能的新款智慧電視，另一方面也透過智慧進化套件（Evolution Kit）開發出可交替最新軟體及硬體功能的 evolution TV。

此外，三星自二○○六年起，便著手研發次世代媒體

核心技術——高效率視訊編碼（High Efficiency Video Codec, HEVC），並進行標準化提案，領先推動技術開發。三星所提倡的HEVC技術在二〇一三年一月二十五日已通過國際標準認證，未來預估將應用於超高畫質（Ultra High-Definition, UHD）廣播等次世代影像服務，將對三星未來電視事業的發展，做出巨大貢獻。

　　一如上述，三星綜合技術院在三星持續開發出創新技術及產品方面，具有重要貢獻，透過三星綜合技術院與關係企業之研究所的緊密合作，三星開發出 CTF 技術、LTE、OLED TV、TV 畫質改善晶片、繪圖晶片等基礎技術，在這些過程中，三星綜合技術院皆扮演著主導性的角色。

2. 如何形成演進式創新能力？

　　三星具有全球最高水準且引以為傲的演進式創新，大致可區分為「內部創新能力」及「外部知識吸納能力」。三星在快速追隨者時期，為了快速追趕領先業者，首先發展出外部知識吸納能力。亦即，以技術授權（Licensing）、逆向工程（reverse engineering）、策略聯盟、挖角經驗豐富的工程師等各種形式，快速地吸納外部知識。此外，為了更妥善地吸取外部知識，並且進一步加以改良，發展成為演進式創新，三星透過大規模的研發投資，以及與關係企業的合作，建構出開發體系，也快速發展出內部創新能力，將外部導入的技術與自行開發的技術進行結合，以提升演進式創新的速度及效率。

　　最近，三星躍升為全球領先企業，內部創新能力在演進式創新所占的比重也隨之提高。三星雖然還是透過在海外設立研

究所及開放式創新模式，積極吸取外部知識，但是也以具有全球最高水準之內部研發能力為基礎，進一步拓展技術疆界或創造出新的產品範疇，使其演進式創新能力更為提升。下圖即為三星「演進式創新能力」之結構。

三星的演進式創新能力結構圖

演進式創新能力

	內部創新能力	外部知識吸納能力
主要構成要素	—大規模研發投資 —技術創新模式高值化： 　樂高式／跳級型研發、 　同步工程；併行開發 —中長期技術藍圖	—技術開發／導入之混合 　（mix） —開放式創新 —全球研發網絡 —確保海外知識／人才
文化及系統	—危機意識及設定挑戰 　性目標 —學習導向型思維及文 　化	—人才確保制度／體系 —專門型學習組織 —製造工程技術力

1）內部創新能力

大規模研發投資

"在二十一世紀，企業的生產力差異變小，競爭力來自諸如研發、設計能力等軟實力。"

——李健熙

若非李健熙會長重視技術的哲學，因此對於研發（R&D）積極關心與投資，三星將無法成為全球一流企業。企業若要確保技術開發及創新能力，並加以發展，最重要的莫過於對研發的投資。但是，研發投資的特色在於投入金額大，而且資金回收時間長，投資結果不確定性高[4]。若是依據代理理論（agency theory），針對這種長期且不確定性高的投資，身為大股東的家族企業主及身為代理人的專業經理人，其利害關係可能有所不同。亦即，期待長期利益極大化的家族企業主，相較於依據短期績效取得薪酬的專業經理人，對於研發投資多數具有較積極的傾向[5]。

李健熙在二次創業之後，將人才及技術視為經營的核心要素，並揭示為其經營理念，開始將以管理為中心的經營典範，轉換為以技術為中心。託這種重視技術戰略之福，三星產生許多理工科系出身的 CEO，包括尹鍾龍、李潤雨、權五鉉、尹富根、申宗均、黃昌圭、李基泰等三星電子的前任及現任 CEO 們，大部分都是工程師出身。由於技術優先政策，不僅技術部門具有強大的發言權，在檢討事業可行性時，是否確保了技術優越性乃至核心技術，也成為首要條件。

在李健熙會長強烈重視技術及研發的哲學基礎之下，三星即使在一九九〇年代後期面臨亞洲金融風暴，採取了果敢的結構重整，非但沒有減少，反而增加研發投資，持續維持技術優

先政策。如下圖所示，二〇一三年三星電子的研發投資費用達十四兆八千億韓圜，占整體營收的 6.5％。而直至二〇〇八年為止，三星電子研發經費占營收比重仍達 9.5％，不過，相較於二〇〇八年六兆九千億韓圜的研發投資費用，雖然近三年的研發投資規模成長了將近 50％，不過由於營收成長的速度更快，所以研發占營收比重也稍微有所下滑。若以二〇〇一年三星電子的研發投資額約為二兆四千億韓圜來看，十餘年來其研發投資額大約成長了五倍。依據 OECD 的資料顯示，三星二〇一〇年的研發投資費用在全球企業中排名第七，金額相當龐大 [6]。若以國際顧問諮詢公司「博斯」（Booz & Company）發布的全球研

三星電子年度別研發（R&D）投資額及博士級研發人數

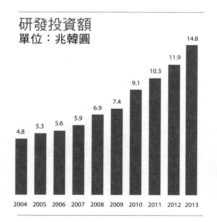

研發投資額
單位：兆韓圜

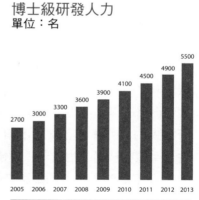

博士級研發人力
單位：名

發投資一千大企業排名調查來看，二〇一三年三星電子排名全球第二。不僅是三星電子，三星的電子產業關係企業每年均將營收的 6 ～ 10％投入於研發，相當於南韓其他大企業投入費用的兩三倍左右。此外，三星電子在南韓的員工中，約有 50％以上為研發人力，以二〇一三年而言，人數約達六萬九千人，此外，以二〇一三年年底為基準，大約有五千五百名博士級員工，成為南韓擁有最多博士的組織。

三星電子自二〇〇五年發表技術準備經營宣言以來，其研發投資規模便日益成長。所謂的技術準備經營意指以比競爭者更前瞻的眼光以及經常性的準備，搶占未來技術的主導權，並建構可以因應任何環境變化的完美技術經營體制。李健熙會長向來強調：「必須展望未來十年，將集團的經營能力，聚焦於擴大足以成為世界標準之技術開發及無形資產。在技術霸權時代，若是沒有顯著的獨創技術，便只能追隨著技術領先業者，永遠停留在二流、三流企業。」李會長此一想法，也一一地納入技術準備經營宣言之中。

三星電子為了具體落實技術準備經營宣言，提出了戰略投資經營、技術領先經營、高效率研發經營、技術人才經營等戰略方向，進一步加以執行。所謂戰略投資經營是指為了達成壓倒性的市占率，聚焦於強化領先的設備投資，相反地，技術領先經營則是以長期觀點來強化為未來而準備的前瞻研發體制，諸如樹立全球第一的產品項目，將目標由二〇〇五年的八項，增加至二〇一〇年的二十三項。此外，高效率研發經營則是務求達成最快的開發速度及盡可能的降低成本，建構整合性的研發架構以強化產品開發能力，並且已在二〇〇六年年底達成此目標。至於技術人才經營則是著眼於建立足以培育全球技術專家的創意研發文化。

三星對創新能力的強調，在二〇〇六年李健熙會長發表創造經營之際達到高峰。創造經營是李健熙會長為三星經營所提出的新話題，旨在透過擴大創意的技術、設計、品牌等二十一世紀所要求的軟實力，將過去所展現的演進式創新提升為聚焦至領導創造式革新。由於此種創造經營的基調，使得三星更加致力於針對技術準備經營及次世代技術的先行開發投資。

　　最近，三星正積極強化其原本較為脆弱的軟體技術能力。為了因應智慧型手機等重視軟體的智慧型載具的快速抬頭，三星曾規劃將二〇一〇年僅為兩萬三千名的軟體人力，於二〇一三年年底大幅增加至三萬九千名，並致力於引進及培育國內外軟體人才。若是三星依據計畫將軟體人力增加至三萬九千名的話，這將占三星整體研發人力的 60％左右。尤其是以南韓國內軟體人才不論在數量或品質都不足的情形來看，三星勢必要致力於確保海外軟體人才，而事實上，到了二〇一三年年底，三星的軟體人才中約有 50％，大約一萬九千人是任職於其 DMC 研究所轄下，遍布於十個國家的十三個海外研究所。

三星電子美國專利取得件數

年度	2005	2006	2007	2008	2009	2010	2011	2012	2013
專利數（件）	1,641	2,665	2,752	3,515	3,592	4,518	4,868	5,081	4,676
排名	5	2	2	2	2	2	2	2	2

三星所具備的世界級水準之演進式創新能力，也可以由其美國專利取得件數獲得印證。三星體認到智慧財產權是最重要的企業資產，自一九八〇年代之後，便積極的在國內外申請專利，如同三星最近與蘋果之間的專利訴訟所顯現，專利糾紛正以更大的規模頻頻發生，而三星也更加投入於專利管理[7]。由於三星具備了世界級水準之演進式創新能力及積極的專利管理，使其二〇〇六年在美國專利廳所登錄的專利數達 2,665 件，僅次於 IBM，並且自此之後穩居第二。如上表所示，二〇一三年三星在美國專利取得件數較二〇〇五年幾乎成長三倍左右，達到 4,676 件。

　　在半導體事業初創期，三星由於技術居劣勢，面臨德州儀器（Texas Instruments, TI）控告侵權的專利訴訟而支付了大筆的權利金。但是，最近三星的美國專利取得數已名列全球第二，而且還可以透過與對方交叉授權（cross licensing）的方式加以因應。以此為基礎，三星與 IBM、SONY、Microsoft 等國際性企業，都已全面締結了交叉授權合約。

技術創新方式的高值化

　　三星身為後進業者，為了追趕領先企業的技術，投入了龐大的研發經費。但是三星的研發策略並非單純的數量攻勢，而是朝著重視效率、強調技術落差，以及領先速度的方向展開，諸如採取樂高式研發及製作中長期技術藍圖、產品生命週期管理系統（Product Lifecycle Management, PLM）、價值創新、萃智（Theory of Inventive Problem Solving, TRIZ）等作法，便是最好的例子。

a. 樂高式研發

　　三星的研發戰略之基本方向，並非「一邊研究、一邊開發」，而是「為了開發產品而研究」。此一方法可以用「拼圖（jigsaw puzzle）」來比喻[8]。首先，進行產品企劃，接著，募集好內部必要的技術後，再列出必須由外部供應技術的順序，然後再進行產品開發，宛如堆積木般的方式來展開。此一過程中，三星並不會像 IBM 的華生研究室（Watson Lab）、AT&T 的貝爾實驗室（The Bell Labs）、Xerox 的帕羅奧圖研究中心（Palo Alto Research Center, PARC）等全球一流的研究所，經常是「為了研究而研究」、「為了技術開發而技術開發」，而是以開發在市場可以銷售的產品為前提來集中投入研發預算，因而可以提升其縮短技術落差的速度。

b. 製作中長期技術藍圖

　　三星自二〇〇五年提出技術準備經營以來，除了從技術追趕期便已採用的傳統方式之外，為了縮短與先進企業的技術落差，也大舉採取新的研發管理模式。尤其是以三星綜合技術院為中心，加上半導體研究所、DMC 研究所等核心研究所的共同參與，製作前瞻未來十年的中長期技術藍圖，並且隨時進行更新，以領先開發次世代技術。以過去二十年來，未曾錯失全球第一地位的記憶體半導體的情形而言，不僅是次世代，甚至連領先三代的技術也領先進行開發。此外，三星還將五至十年的中長期技術藍圖以季別進行更新，以隨時推導出嶄新課題。

　　三星早期在製作技術藍圖時，雖然也接受許多外部專家的協助，但是在成為技術領先企業之後，主要是自行完成。尤其針對未來五年的變化，更是進行非常詳細的預測，以便預先選定次世代技術項目，依續進行開發。

c. 產品生命週期管理系統（PLM）

最近，三星為了提升研發效率及因應市場變化，導入了產品生命週期管理系統（Product Lifecycle Management, PLM）。PLM系統是從產品企劃開始乃至絕跡為止，系統化的針對產品生命週期、研究開發現況及成果進行管理的系統。計畫管理者透過此一系統，可以管理開發時程及人力投入情形。此系統是以所有參與產品開發計畫者為考量，將產品開發過程中所產生的情報，即時在電腦系統中共享。有關產品規劃、產品設計圖、產品生產所需零組件等相關情報，都可以透過這個系統進行分享。若是完成了新產品開發，與新產品相關的情報，也可以傳達至其流程。為了不在開發過程中重覆犯下相同的錯誤，也會將開發過程中所發生的主要問題及相關問題如何解決的方法，在系統上進行登錄。新產品或新技術開發者若是在系統中進行相關記錄檢索，就可以看到相關內容，也會在系統內部留下記錄。

三星為了重新建構此一系統，最近投入二百億韓圜購買硬體，並花費九百億韓圜開發軟體，若非有最高管理層深切關心，這是不可能發生的事。三星透過PLM系統不僅確立了基礎研究——先行研究——商品化開發流程，也透過部門間的開發時程共同管理，縮短了開發時程及即時上市的速度，建立了可以快速反應市場及使用者需求的研究開發體系。

d. 價值創新

另一方面，三星為了客戶導向型創新，也積極導入在本書第四章所論及的價值創新（value innovation）技法[9]。三星電子在一九九八年為了推動公司內部的價值創新以及價值工程（Value Engineering, VE）而設立了VIP中心之後，便仔細的觀

察消費者需求，以找出創新產品的概念，發展出開發為演進式創新產品的流程。在導入價值創新概念的過程中，高度強調客戶導向，並且據此開發出在市場上大獲成功的演進式創新產品。例如小型低價的家用彩色雷射印表機（二〇〇五年）、組合式（Combo）DVD播放機（二〇〇七年）、低震動及低噪音的滾筒式（drum）洗衣機（二〇〇八年）、Galaxy Note 的觸控筆解決方案（二〇一一年）等利用價值創新概念而大受歡迎的代表性之演進式創新產品。

e. 萃智（Theory of Inventive Problem Solving, TRIZ）

所謂萃智（TRIZ）意指「創造性的思維方法論」，是一種創新方法，聚焦於提升創意性的解決問題能力，係由前蘇聯發明家真里奇‧阿特休勒（Genrich Altshuller）所提倡，旨在同時教導人思考「要解決什麼」及「如何解決」的方法。TRIZ 的效果在於能將產品開發時所發生的問題，以四十個原理等獨特的方法來解析，不僅是單純地改善問題，而是進一步得以創新的解決問題，此為其一大特徵。

三星於一九九九年在三星綜合技術院導入 TRIZ 方法，所有計畫在開始之前，都義務性的必須經過 TRIZ 專家來檢視。三星電子在活用 TRIZ 而成功改良了 DVD 光學讀取頭（DVD optical pickup head）之後，也全面導入此法。而 TRIZ 得以擴散的主要根源地，則是 VIP 中心。以葡萄酒杯的五角形造型實現設計創新的波爾多電視，也是透過 TRIZ 方法而誕生。僅次於 HP，全球市占率第二的三星噴墨式印表機（ink jet printer）的成功秘訣，也是透過 TRIZ 方法開發出來的噴頭機構（head mechanism）。以三星半導體的情形而言，為了開發超集積迴路，自行重新設計生產製程，此一過程也是透過 TRIZ 方法才得以解

決了磨損問題。三星電子等七個電子領域相關關係企業,在二
〇〇六年「三星 TRIZ 協會」成立以來,便由關係企業的負責人
員每季進行聚會,共享最佳實務(best practice)。

2)外部知識吸收能力

自行技術開發及技術導入的適切混合

如同本書在積極活用樂高式、越級式研發及併行開發所舉
的例子所示,由於三星在技術開發方面強調速度及效率性,相
較於堅持無條件的自行技術開發,三星也採用導入技術後,再
將其消化吸收,改良為符合三星需求的方式。

在將這些外部導入的技術妥善吸收,並加以改良為具有競
爭力及差異化技術的過程中,三星所具備的自行研發能力也扮
演著重要角色。舉例來說,三星電子於一九九二年九月與美國
高通(Qualcomm)公司簽署了技術導入合約,首度將分碼多工
(Code Division Multiple Access, CDMA)行動電話終端設備的核
心晶片在南韓導入量產後,經過六年五個月後,便累積了自有
技術能力,成功將核心晶片國產化。

在不易導入所謂的尖端技術之際,三星則以打破慣例的優
渥待遇聘用具有專門技術知識的國內外技術專家,以確保相關
技術。三星在一九八三年初次進入記憶體半導體事業時,美國
及日本領先企業也是拒絕移轉所有的技術,當時只有陷入資金
困難的美國新創企業美光科技(Micron Technology)願意移轉設
計技術,但是,美光對於三星也存有戒心,雖然「賣魚」給三星,
但是吝於教會三星「捕魚」的方法,因此,三星在半導體事業
草創期,便致力於確保自行技術開發能力。

在此過程中,三星最重要的策略便是吸引在海外優秀半

導體企業工作的南韓工程師。為了吸納優秀的韓裔工程師，三星提供他們比當時三星電子社長的月薪還高三倍的待遇，也經常上演三顧茅廬的戲碼，這在當時都是難以想像的事。此外，為了吸引在美國的韓裔工程師，以及活躍於半導體技術大本營矽谷之優秀海外工程師，三星也在一九八三年正式進入半導體事業之際，大舉在矽谷設立三星半導體研究所（Samsung Semiconductor Inc, SSI）。當時進入特定產業且同時在海外設立大規模的研究所，進行技術開發的作法，是連歐美或日本的先進企業都難以想像的事。

在需要技術諮詢之際，三星也積極引進許多經驗豐富的外國工程師。在半導體事業草創期，日本技術顧問尤其扮演著相當重要的角色，最近，三星在南韓國內的研發機構中，則不僅有著韓籍或日籍，還包括美國、印度、中國、俄羅斯籍等，從全球各國引進的上千名外國工程師。如同上述，三星只要認為有必要，便會積極透過技術授權方式導入，或是引進國外優秀工程師來快速確保外部的卓越技術，而在另一方面，三星為了確保自行研發能力，同時也積極投資於研發。對於內部研發的積極投資，是妥善掌握及吸收由外部導入之先進技術，並強化吸收能力（absorptive capacity）的必要條件 [10]。三星將外部導入的技術與自有技術進行結合，在短時間內發展成為差異化及效率化的技術，也累積了形成演進式創新的動態能力。

透過開放式創新確保外部知識

"本公司之所以躍升為手機、電視等產業的領先企業，並且在競爭對手的牽制，以及產業環境變化莫測的行動通訊領域，奠定了未來技術競爭力，主要是透過開放式創新，活用了外部能力。因此，我認為不僅要藉由併購、投資、育成等，進行以事

業化為主的開放式創新，也應該強調透過與大學、研究所、創投等外部機構，早期發掘高衝擊（impact）的種子（seed）技術，並加以驗證及內化的研究階段之開放式創新。"

——金昌龍 三星電子副社長、DMC 研究所所長

近來，外在環境的變化速度變快，知識開發的複雜性變高，單憑內部的力量將有所限制，快速確保外部知識或是與外部單位共同開發必要知識的開放式創新（open innovation），重要性日益變高。加上整個產業生態體系特別強調創新，為此，透過與核心供應商及提供互補產品的合作廠商（complementor）的分工，成為創新乃至於領先的平台領導者（platform leadership）也變得更為重要。此外，為了妥善掌握客戶需求，強調使客戶共同參與創新過程的生產性消費者（prosumer）概念，以使用者為基礎的創新（user–based innovation）也倍受重視。

三星在二〇〇〇年代後半期正式導入開放式創新的概念，以各種方式來確保外部知識。開放式創新又稱為開放型革新，是指從組織外部以各種方式廣泛地尋求創造性革新所需知識的方式。此概念是二〇〇〇年代初期由加州大學柏克萊分校商學院教授亨利・伽斯柏（Henry Chesbrough）所建構，之後被寶僑（P&G）公司所採納，並以「聯系＋發展（Connect & Development）」的策略大獲成功，因而快速的擴散至海內外企業[11]。

如前述，三星在過去便曾以各種方式來導入外部知識，即使當時沒有引用所謂開放式創新一詞，但可說老早就採取此一概念。從二〇〇〇年代後半期開始，三星不斷強化開放性創新的投資，包括進行產學合作，策略性投資入股新創企業，與主要企業進行策略聯盟等等，並且重新建構符合開放性創新的文化及系統。近來，三星之所以強調開放性創新，在於體認到開

發創新型產品所需的技術困難度變高，技術的整合性加速化，而且技術與市場的不確定性也日益增高，光靠內部為主的研發來因應技術環境的變化及不確定性，將有其限制。

a. 半導體事業部門的開放式創新案例

三星基於開放式創新的觀點，一直積極推動與全球一流企業策略聯盟以進行共同技術研發，尤其在三星相對處於技術劣勢的系統半導體領域更是如此。三星在二〇〇四年與 IBM 針對尖端邏輯技術進行策略性合作，推動系統 LSI 事業的一流化。透過此一合作，雙方成功開發出 12 吋晶圓（300mm wafer）用尖端 65 奈米及 45 奈米邏輯製程。在 32 奈米邏輯技術方面，則是和英飛凌（Infineon）、特許半導體（Chartered）、飛思卡爾（Freescale）等國際級的系統半導體業者共同合作開發。藉由此一契機，三星繼記憶體技術之後，在系統 LSI 技術方面，也得以確保了尖端奈米半導體時代主導權之基礎。

此外，自二〇〇一年起，三星系統半導體事業部在中央處理器（CPU）型核心（core）技術力方面，便與全球公認技術水準最高的英國安謀（ARM）公司締結了次世代中央處理器技術合約，導入了最新核心技術，並且將之運用於智慧型手機應用處理器等，使其得以躍升為全球第一。尤其是率先搭載於 Galaxy S4 的八核心 Exynos 5 Octa 行動應用處理器，也是與 ARM 緊密合作之下，開發出全球領先的大小核架構（big.LITTLE architecture）而研發出的產品。

b. 終端產品部門的的開放式創新案例

三星的影像設備部門也積極透過策略聯盟來確保核心技術以增加市占率，此舉對於其成為世界第一，具有莫大貢獻。三

星綜合技術院透過與俄羅斯方面的合夥公司共同開發，確保了三星在數位電視的影像訊號處理相關核心技術——DNIe技術。雖然當時數位電視尚未問世，無法立即導入商用化，但是開發出DNIe技術成為三星自二〇〇六年起在數位電視領域穩居全球第一的決定性轉捩點。

這種以開放式創新為基礎的創新產品成功案例，在智慧型手機方面也一再重現。三星透過與全球電子筆業者——日本和冠（Wacom）公司的策略聯盟而開發出Galaxy Note，便是代表性的例子。三星為了將和冠公司的電磁式觸控筆（digitizer pen），應用於智慧型手機裝置的靜電式面板，開發出觸控筆解決方案，與和冠公司進行緊密合作，而雙方共同開發出的技術搭載於Galaxy Note後，取得了空前的成功。最近，三星買下了和冠公司5%的持股，和冠公司因此取得五十三億日圓（約六百三十億韓圜）的資金，並且協議將把此一資金投入於三星電子用的產品開發，以及強化供應體系。業界預估三星電子藉此將可獨家取得和冠公司的電磁式觸控筆技術之供應 [12]。

三星這種與外部的技術研發合作，並不只限於海外的全球領先企業，與南韓國內具有技術能力的新創企業或中小企業也活絡進行之中。例如在開發Galaxy Note時，與南韓國內的新創軟板廠商Flexcom合作，共同開發影像迴路基板，便扮演著重要角色，因為相較於製作輸入筆，更困難的是在螢幕上辨識觸控筆的所寫下的文字或圖形，並且正確加以顯示的技術，而具備軟性基板製作經驗的Flexcom成為三星電子的共同開發夥伴後，三星電子的研發團隊一週內便有三、四天是常駐在Flexcom公司，共同進行開發工作，雙方合作製作出辨識觸控筆動作的零組件，搭載於顯示器後，經過一年半的時間，反覆測試各種筆順功能後，Flexcom在二〇一〇年終於開發出可以分辨256種類

別的三星觸控筆 S-pen 筆壓的零組件「Digitizer」，並且成功搭載於 Galaxy Note[13]。

c. 產學合作

三星基於開放式創新的觀點，與國內外主要大學活絡地展開產學合作。例如，負責終端產品技術開發的 DMC 研究所為了開發解決方案技術，便與南韓的首爾大學、韓國科學技術院（Korea Advanced Institute of Science and Technology, KAIST）、浦項工科大學、延世大學、高麗大學、成均館大學進行整合型（package）的策略性產學合作。此外，三星也與美洲的八所大學、歐洲的八所大學、亞洲的兩所大學、俄羅斯的一所大學共同推動創意發掘及驗證的公開召募型產學合作計畫，並將公司的研究員派遣至美國最高水準的工科大學——麻省理工學院（Massachusetts Institute of Technology, MIT），以及加州大學柏克萊分校（UC Berkeley）、史丹佛大學（Stanford）、卡內基美隆大學（Carnegie Mellon）、馬里蘭大學（Maryland）等各個領域的最頂尖大學，執行行業夥伴計畫（Industry Affiliates Program, IAP）及客座研究員計畫。同時，為了使 DMC 研究快速的察覺到即將浮出檯面的新技術，積極的樹立因應對策，三星也活用各領域別的頂尖專家，組織技術顧問團，另一方面，在十個海外研究所之中，也建構了當地專業化的感測（sensing）組織。

d. 群眾外包（crowd sourcing）

為了進行開放式創新，最近三星透過美國美國意諾新公司（InnoCentive）等專門技術仲介業者，以群眾外包（crowd sourcing）型態的全球課題募集模式，尋求技術解決方案或創意。群眾外包係指企業在開發產品或技術的過程中，公開募集外部

創意，讓外部專家或一般人士可以共同參與，若是以參與者所提供的創意或解決方案為基礎完成了創新，則獲利將與參與者共享的方法。例如，三星的顯示器研究所針對可彎曲的可撓式（flexible）OLED 基板的脫附製程（desorption process），便曾進行全球創意募集，而參與者提出的創意中，有一種低成本的非雷射（Non–Laser）方式之脫附製程，預估在開發可撓式顯示器時，將大有助益。

透過建構全球研發網絡，確保海外知識及人才

最近，三星積極的設立海外研究所以擴充全球研發網絡，藉由確保國外尖端技術及優秀人才，進一步強化其演進式創新，同時奠定創造性創新能力之基礎。截至二〇一三年年底，三星已於美國、英國、俄羅斯、中國、日本、印度、以色列、波蘭等全球十六個國家，設立了二十九個研究所，擁有兩萬一千名研究人員。在美國等先進國家設立的一部分研究所，主要負責次世代核心技術研究，例如三星系統半導體事業部的美國奧斯汀研究所，便負責中央處理器的核心設計。

最近，三星為了快速擴充脆弱的軟體人力，大幅強化海外研究所的軟體能力，其海外研究所的軟體開發，係依據地區別的特性來進行，例如位於美國矽谷的 SRA-Silicon Vally 研究所，便負責使用者經驗（User experience, UX）及雲端（Cloud）等先進軟體的開發，相反地，位於印度的 SRI-Bangalore 研究所，則以開發 IT 相關應用軟體為主。此外，在數學及物理學等基礎科學方面領先全球的俄羅斯及烏克蘭所設立的研究所，則負責開發以物理及數學為基礎的繪圖或資訊安全軟體的演算法（algorithm）。

針對海外研究所的優秀人才，三星也推動逆向派遣的全球

移動力計畫（Global Mobility Program），提供其至三星總公司工作的機會。在二〇一三年，負責終端產品的 DMC 事業領域的海外人才，便有三百三十七名被派遣至總公司，其中研發人員便有九十七名。三星透過此一全球移動力計畫，使海外優秀人才形成一體感及自信心，並且藉此好好的了解總公司文化，以培養其成為當地的領導人才。

3. 演進式創新之基礎結構與系統

　　一如上述，三星將演進式創新能力提升至世界水準，以確保技術領先，因而在半導體、電視、智慧型手機、顯示器等主要主要事業領域穩居世界第一寶座。藉由這般長期的持續努力及積極投資所培養而成的演進式創新能力，是競爭對手難以模仿、差異化的三星核心能力之一。三星將演進式創新確立為其競爭優勢之根源的機制，如下頁圖表所示，簡言之，便是以三星獨特的價值及文化、基礎架構、系統等為主要基石所形成，而在可創造演進式創新的組織文化及系統中，透過會長對技術及創新的重視，以及垂直整合化及群聚化，建構出關係企業與相關功能間的合作體系等部分，由於本書已在前文詳述，此處僅針對其餘要素進行說明。

三星式創新能力強化機制

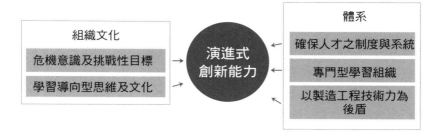

1）危機意識及挑戰性目標

"在半導體產品開發及製程開發方面，採取務必比日本業者快三至六個月，比國內競爭業者領先六個月的策略，並且在三、四年來持續遵守此一原則。二〇〇一年與日本的落差縮短至一年之後，日本業者就完全舉手投降了。"

——尹鍾龍 前三星電子副會長兼執行長

創新必然會伴隨著改變，而改變則會帶來抵抗。特定時期的產業領導企業之所以會將主導權交給下一時期產業的挑戰者，並且邁入衰敗的主要理由，便是因為對於結構性的改變，乃至於創新猶豫不決，而當難以預料的顛覆性技術（disruptive technology）登場之際，未能快速確保符合此趨勢的嶄新能力所致。在這種過程中，曾經在特定時期適用於某一市場的核心能力，在典範轉移之後，反而會成為阻礙改變及創新的組織僵化性（core rigidities）的來源。

因此，企業為了持續創造知識及創新，最重要的莫過於最高層管理者提出挑戰性的目標，以誘發出員工們的危機意識。三星為了不被一時的成功而產生怠惰或自滿，向來由以會長為中心的高階經營團隊，不斷的營造組織的危機意識。三星通常會設定最糟糕的狀況及最惡劣的情境，在組織內部也充滿了競爭意識，不止是組織，連個人也會擔心實力不足而被淘汰。此外，三星也定期性的召開先進產品比較展示會，以拓展員工們的視野，提高其危機意識及挑戰意志。

　　三星在營造常態性危機感的同時，也樹立了挑戰性的經營氛圍。過去，三星具有「石橋也要敲著走」的保守、慎重且安全第一的組織文化及經營風氣，但是，在李健熙會長上任之後，則變身為彈性、挑戰及創新的公司風氣。尤其在三星的經營團隊經常設定以傳統方式或技術便難以達成的挑戰性目標之下，使其形成了創新導向型的組織文化。

　　三星在研發部門也同樣鼓吹危機意識以及提出挑戰性目標。以後進業者之姿進入高度技術密集型的半導體、LCD、智慧型手機等 IT 產業的三星，憑藉著驚人的速度，追趕先進業者的技術，在短期之內縮短了技術落差，並且完成了在特定領域取得比先進業者更為領先的成就。

　　最能夠反映出三星的挑戰性目標導向的例子，便是「半導體新成長論」。二○○二年，三星在全球三大半導體學會之一的國際固態電路研討會（International Solid-State Circuits Conference, ISSCC）中，提出了取代原有「摩爾定律（Moore's Law）」[14]「半導體新成長論」。此一理論的核心是指半導體的集積度將每年增加兩倍，而主導此一成長的，是諸如行動裝置及數位家電等所謂「非電腦（Non PC）」設備。事實上，三星電子在一九九九年開始開發 256 MB 儲存型快閃記憶體（NAND

Flash），乃至二〇〇七年開發出 64 GB 記憶體為止，連續八年實現了「半導體新成長論」。此理論固然展現出三星身為市場主導者的自信心，另一方面也是其為了實現挑戰目標的一種手段，因為落實「半導體新成長論」的主體不是別的公司，正是三星的半導體部門本身。

2）學習導向式思考及文化

由於學習是創新的基礎，因此三星埋首塑造學習導向型的思維及文化。李健熙會長本身對於許多領域都涉獵甚深，甚至被稱為「學習狂」，從電影及廣播，乃至歷史、半導體、高爾夫、汽車私領域，都具有專家水準的知識。不僅如此，對於機械或尖端技術也非常關心，經常會去拜訪一流專家，甚至通宵討論，諸如汽車或是電子產品等，也會全部加以拆解再進行組裝。李健熙會長曾說過：「搭乘地下鐵若是無法了解其運行原理，就說不上是搭乘，只是被運載而已。」、「看電視看超過五次以上，卻沒想過要仔細看看裡面有什麼東西的人，無法當一名經營者。」由此正可看出他是一個多麼學習導向型的經營者。

最高經營者的積極主導及以身作則所形成的學習導向型文化及意識，可說是三星得以蛻變為世界水準的學習型組織，不停的轉變及主導創新的原動力。此種學習導向型文化依然延續至今，在三星成為習以為常的事。例如，在三星電子的所有功能性組織的副社長級人員都必須學習公司所導入的 SCM 或 ERP 等新式經營方式、技法及工具，即使本身並未賦予執行相關業務，也要接受這些教育訓練，而且在受訓完畢後，還會收到電子郵件通知去接受有關教育訓練內容的考試，可說是從高層開始學習已成為慣例，而三星也藉此讓員工們了解公司的運作系統，員工們有時還會提出建議。

此外，近來三星也致力於推動尊重個人的文化，以及鼓勵由下而上的創新文化。最近利用系統半導體事業部所開發的新物質——高介電常數金屬閘極（high-k metal-gate, HKMG）的量產技術，便是很好的例子。該技術可以大幅減少耗電，足以開創出半導體產業的新局面，因而備受期待。事實上，由於該技術與現今的半導體製程技術截然不同，因此很難導入產品進行量產，即使是三星，截至二〇一一年上半年為止，也遭遇到撞牆期。然後，透過現場的實務研究員自發性的提出解決問題的點子，負責的部長採取了該項建議後，在該研究小組所有研究人員的合作之下，以新的方法及設備才得以解決了量產問題，解決問題的點子非常創新，三星還因此將相關技術申請了專利。

3）為了確保及培育人才的制度與系統

學習及創新的主體是人，而演進式創新能力的相當程度亦端賴於人。因此，為了建構世界級水準的創新能力，必須具備能夠主導創新的組織成員，尤其是要善加確保及培育核心人才。如同第四章所詳述，三星向來強調「人才第一」為公司的核心價值，長久以來致力於吸引及培育國內外一流技術人才。除了提供高額年薪之外，若是開發出全球性專利技術或成功商品化時，也會提供負責研究人員破例性的誘因，完全不吝於付出相關費用，而二〇〇一年十一月首度實施的「三星 fellow」制度，則是反映出三星禮遇技術人才的最具體實例。一旦獲選為「三星 fellow」，研究員可以用自己的名字組成研究團隊，推動非公司所指示的自主性研究專案計畫。

4）活用專門學習組織

三級化的研究組織

　　三星擔任技術開發的研發組織採取三級化制度。基礎研究由三星綜合技術院負責，新產品或核心零組件技術開發等，由各電子關係企業研究所負責，產品改善或製程創新則由各公司的事業部開發室擔任。三星綜合技術院一般聚焦於因應未來五至七年以後的基礎研究，以及開發未來新種子事業的根源技術，其主要任務仍是確保特定關係企業難以獨自開發，必須透過探索基礎技術來確保之中長期關鍵技術。相反地，DMC 研究所則是以確保三至七年以內、半導體研究所及顯示器研究所則是以確保三至五年以內的中期產品相關核心技術為主；相較之下，各事業部轄下的研究所則是以一至兩年內的短期內可商用化的技術開發為主力。

三星綜合技術院的角色

　　三星綜合技術院成立於一九八七年，為三星集團的中央級研究機關。以二〇一二年年底為基準，研究人員達一千二百名，其中有 90％為碩博士級，組織人力的水準非常高，藉由活用此高級技術人力，扮演著確保演進式創新能力的核心角色。

　　綜合技術研究院與 DMC 研究所、半導體研究所、顯示器研究所進行緊密合作，陸續開發出半導體的電荷擷取快閃記憶體（Charge Trap Flash, CTF）持術、長期演進通訊技術（Long Term Evolution, LTE）、有機發光二極體（OLED）及 LED 顯示器、實現數位電視畫質的 DNIe 晶片，以及嵌入電子零組件的積層陶瓷電容器（Multi-layer Ceramic Capacitor, MLCC）、DVD 等領先全球的創新技術，擔任著核心角色。雖然這是借鏡以往美

國 AT&T 的貝爾實驗室所扮演的角色（Role Model），但是，由於目前國外事實上已經沒有為了中長期技術開發而設立的民間企業之綜合研究所，因此，三星的綜合研究院可說是建立了獨步全球的地位。最近，綜合研究院還在美國、日本、中國、印度等地設立了海外分院，與大學進行了許多產學合作計畫，進一步強化其創新能力。

此外，三星電子廢除了技術總監一職後，便透過綜合技術院來協調關係企業的技術創新課題，並促成其相互合作以創造綜效，擔任研發的控制塔台角色。尤其是綜合技術院還主導製作前瞻未來十年的中長期技術藍圖，並隨時進行更新，以協助電子領域關係企業的研究所能夠機敏地開發出中長期技術。

另一方面，在集團層次，三星綜合技術院則擔任共享及擴散技術情報的主軸角色，並且每年透過舉辦「三星技術展」提供全球技術發展趨勢，以及有關奈米、生技等未來潛力產業的最新資訊。此外，自二〇〇四年以來，也舉辦了由集團研發人力、最高管理層、核心技術人才等參與的「三星學會」。

5）全球最高水準製程技術力之後盾

三星是以傳統的製造競爭力為基礎來發展的企業。此外，在三星的半導體、顯示器面板等等主力產品的技術開發過程中，研發與生產部門的緊密合作，往往是重要的關鍵所在。因此，三星很早就開始導入同步工程技法，從新技術及新產品開發初期階段，便促成兩個部門間的合作，藉此不僅帶動持續的技術創新，並且強化了將各種開發出來的創新產品快速量產的能力。

在大量客製化（Mass Customization）時代，若是想要開發及供應可以滿足客戶多樣化需求的差異型客製化解決方案產品，絕對必須具備製程技術能力。三星電子的半導體事業部連續開

發出依據客戶別需求的各種差異化的記憶體半導體解決方案，並且成功達成高附加價值化的原因，正是透過導入不論任何產品都可以用低成本快速生產的混合型生產方式，在同一條生產線可以同時生產多種產品，而且掌握住全球最高水準的製程以及製造技術能力之故。

PART 4

三星式矛盾經營及
三星模式的未來

本書的第一部分提出分析三星式經營之必要性，並且檢視了三星的成長及轉型過程；第二部分則針對李健熙會長的領導力及公司治理結構、三星的經營體系進行分析；第三部分則分析三星獨特的動態核心能力——速度創造能力、融合式綜效創造能力、演進式創新能力，如何在三星經營系統具體地應運而生，以及成為其基礎的組織文化、基礎架構及機制為何，還有這些核心能力如何成為三星的競爭優勢。

　　最後，在第四部分，將重新審視三星模式的基本運作原理，並針對三星未來方向提出建言。第八章將針對三星模式最重要的驅動原理——三星式競合進行分析，並且說明成為三星模式骨幹的三大經營矛盾如何解決；第九章將分析三星模式的永續性，以及提出三星為了躋身全球超一流企業，應該解決的課題。

競爭式合作系統及
三星式矛盾經營

　　目前為止，本書已深入分析新經營革新以來的二十年間，三星所達成的大幅轉型，包括三星如何以克服一個以新興市場為基礎的企業之先天性限制，度過一九九○年代後期的亞洲金融危機，以及二○○八年以後的全球金融海嘯，而躍升為世界一流企業。

　　本章則將綜整三星模式之體系，並且藉由分析三星實現動態核心能力的過程中，特別顯現出來的競爭與合作之緊張與調合，而形成的「三星式競合（internal co-opetition）」體制，進行詳細分析。此外，也將透過深入分析三星經營上的三大矛盾如何昇華成為其競爭力根源，並加以活用，整理出三星式矛盾經營的本質，以便藉此提供給想要借鏡三星模式的國內外企業，適用的教訓及啟示。

1. 三星模式之體系

　　創造出永續且差異化競爭優勢的全球一流企業，往往具備獨特的經營方式及體系，諸如「豐田（Toyota）模式」、「奇

異（GE）模式」等一流企業特有的經營方式及系統，均是透過該企業長久以來的歷史演進而來，而在此過程中，豐田汽車的大野耐一（Ohno Taiichi）與奇異電子的傑克‧威爾許（Jack Welch）這類卓越的 CEO 扮演著相當重要的角色。三星模式亦是經由三星六十年歷史的演進及發展而來，到了李健熙這位卓越的 CEO 之後，才躍升為品質的成長。

現有三星模式的根源，是透過新經營革新而開始形成，並在一九九〇年代末期克服了亞洲金融危機之後，進一步演化及發展。李健熙會長於一九八七年接任會長後，為了讓三星得以在二十一世紀這個全球無限競爭時代存活下來，再三強調必須從戰略及經營方式進行根本性的改變。雖然三星在新經營革新之前所涉足的大部分事業領域，在南韓國內都已穩居龍頭寶座，然而在日益激烈的全球競爭之中，三星並不具備足以存活下來的產品力或經營能力。三星長期採取以規模成長為主的非關聯多角化策略之結果，導致連電子等主力事業領域，也未能確保做為全球競爭力基礎的核心能力。

此外，三星並非透過選擇與集中來確保主力事業之核心能力的戰略導向型企業，由於三星是著重於整體經營面的嚴密管理之管理導向型企業，因此難以確保二十一世紀所要求的快速決策及執行能力。因此，在特定事業領域無法成為具有領先產品或技術的「市場先驅者」，而停留在扮演著模仿先進企業之技術，以低工資等為基礎的成本競爭力來拓展中低價產品市場的「模仿者（imitator）」角色。

一九九三年以後的新經營革新，則是李健熙會長針對此種以量取勝的經營風險，以深刻的危機意識為基礎，在短期間內所展開的壓縮式變革。新經營革新以躋身「二十一世紀全球超一流企業」為全公司的願景，為了達成此目標，試圖將過去以

三星模式體系圖

實現競爭式合作體系及三星式矛盾（paradox）經營

第八章	三星矛盾經營之本質	・規模＋效率：龐大組織與效率經營 ・多角化＋專門化：具備水平／垂直多角化及專門性 ・美式管理＋日式管理：實現美式管理與日式管理之優勢		
第五～七章	核心能力／成功要素	決策／執行速度	融合式綜效	演進式革新

第四章	經營體系

人才經營
・重視核心人才
・引進外部人才
・活用全球人才
・績效導向之報酬與升遷

策略／結構
・重視品質／強調軟實力
・市場先驅者導向
・事業結構高值化

・家族企業主之願景／洞察領導力
・專業經理人的策略家角色

第三章	領導力及公司治理結構

經營管理
・微觀管理及宏觀管理並行
・數據管理
・以客戶為中心之流程
・全公司整合之資訊系統

價值與文化
・世界第一主義
・追求效益
・人才第一

第二章	全球躍升之動力

新經營革新

半導體事業全球躍升

二次創業

三星 DNA 之變化

・挑戰性願景
・重視品質
・重視技術／品牌／設計
・搶占先機
・重視核心人才
・危機意識

領導力及公司治理結構	家族企業主的家長式領導風格（micro-management）

經營體系			

經營管理
・細緻化管理（attention to detail）
・防衛型／風險規避型

戰略／事業結構
・追求量的成長
・安穩型非關聯多角化
　─持股／投資共同體

價值與文化
・內部升遷主義
　─忠誠度／約束力
・提升意識
　─教育、標竿

規模成長為主的戰略，大幅轉換為提升品質的高值化戰略及經營方式。

　　新經營革新的方向，相當大的部分是藉由三星在一九九〇代初期記憶體半導體成為全球市占率第一的成功經驗推導而來。當時，三星成功進入世界一流的半導體事業，是原本傾向日式管理方式的三星經營體系，與美式管理接軌的契機。尤其是成為新經營革新核心話題的「品質」此一概念，大部分都是以半導體事業的成功為其根源，而新經營的核心概念，諸如強調技術、搶占先機、水平化組織、重視速度、核心人才、破例式誘因、危機意識等，也是由此衍生而來。

　　三星以半導體事業的成功經驗為基礎，在新經營革新中，為了提升產品及服務之品質，不僅大幅提升技術能力、品牌及設計等軟實力，同時也提高管理及人員的品質，聚焦於強化整體經營競爭力。此過程中，三星為了實現全球超一流企業之願景，由模仿者戰略轉變為市場先驅者戰略，由規模成長為主的非關聯型多角化戰略，改變為透過事業結構調整及強化各事業之專業競爭力的事業結構高值化戰略。

　　此外，為了提升新的戰略及經營體系內各個構成要素之間的契合度，三星也透過建構內部競爭與合作體制，針對經營體系的構成要素進行變革，詳如下頁圖表所示。

新經營後的經營體系重新整頓

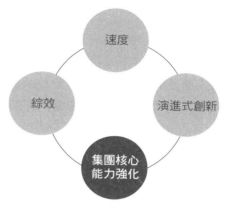

速度

綜效

演進式創新

集團核心
能力強化

↑ 快速及穩定的供給
資源活用最佳化

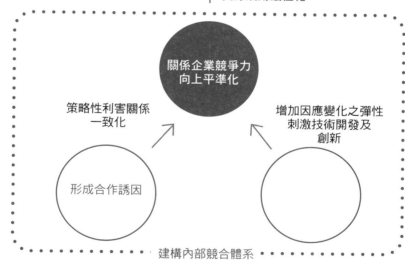

關係企業競爭力
向上平準化

策略性利害關係
一致化

增加因應變化之彈性
刺激技術開發及
創新

形成合作誘因

建構內部競合體系

2. 競爭式合作體系如何建構而成？

"所謂一個三星（Single Samsung）是指整個集團應該具備共同的價值觀，且必須一同遵守的基準，並非關係企業之間互相給予特惠之意。在提供勞務或採購之際，應該讓關係企業與外部廠商以同等條件來互相競爭。唯有如此，才能吸引具有實力的業者，並且強化我們本身的競爭力，這才真可謂為集團層次的綜效。"

——李健熙

　　在三星累積動態核心能力的過程中，扮演著重要觸媒角色的三星模式之根本驅動原理，便是三星特有的競合（co-opetition）系統。新經營革新之後，讓三星得以進化及發展的「競爭與合作共存的微妙緊張關係」，是說明三星內部關係企業或事業部間之關係的核心用語，他們之間的提升競爭機制，是創造動態核心能力的根源。

1）導入內部競爭式合作的背景

　　追求綜效經營的複合式企業集團，最重要的課題便是如何協調關係企業及事業部之間的競爭與合作。過去的三星偏重於合作，而現今的三星則轉變為強調以市場原理為基礎的內部競爭。在此過程中，三星成功奠定了關係企業之間、事業部之間的競合體制，並且建構出創造速度經營、合作綜效及演進式創新的能力。

　　新經營革新之後，三星在追求大幅改變經營體系構成要素的過程中，最具特色之處便是其競合體制。新經營革新之前，三星的關係企業之間、事業部之間，主要偏重於透過合作來創造綜效。以此合作為主的經營，是以家族企業主為軸心，基於

共有的組織文化及價值，由強烈的凝聚力所形成的獨特正向功能。然而，此一體制延續之下，將導致各個事業即使未能確保專業競爭力，也可能生存下去，而欠缺競爭力的關係企業或事業部，將會依賴競爭力強的關係企業或事業部，使得雙方同時經營不善及向下平準化的疑慮加深。

然而，在一九九〇年代後期，經歷了亞洲金融風暴，面臨著嚴重的經營不善及赤字之下，三星快速地將原本主要訴求關係企業之間、事業部之間的合作，改變為強調內部競爭的經營體制。

三星式競合結構

所有權經營結構
—競爭及合作之軸心
—追求集團整體最適化
—監控／支援專業經理人

複合式事業結構
—多元化事業／
關係企業
—事業部制度的扎根
（責任制經營）

競爭式合作
（co-opetition）

創造價值之合作
（cooperation）
—垂直整合化
—共同開發核心零組件／
技術
—共享情報／知識／戰略
／品牌

分配價值之競爭
（competition）
—以責任制經營／自律
性管理為基礎
—分割成最小營運單
位，提供績效誘因
—嚴格的內部相對評價

2）三星式競爭合作機制

　　首先說明三星競爭式合作最重要之基礎，亦即家族企業主經營結構及複合事業結構，並且檢視對於關係企業之間、事業部之間的競爭與合作具有重大影響之嚴格的薪酬及升遷制度。其次，將分別說明三星為了誘導內部競爭，特別導入的「內部交易市場機制」與「雙重供應來源（dual sourcing）」，以及針對同一事業的併行投資，透過常態性的事業結構重組來鼓吹危機感等等。三星藉由上述方法，活用胡蘿蔔與鞭子的原則，減少在推動綜效經營時經常發生的向下平準化風險，並且得以促進向上平準化。為了創造出企業集團之綜效，首要原則便是確保各個事業的競爭力，並且在內部予以落實[1]。本書在第六章針對三星在價值創造層面，藉由各個事業間的合作所創造出的綜效，已經進行詳細說明，故在此不加贅述。

以競合為基礎的家族企業主經營結構及複合事業結構

　　三星的家族企業主經營結構及複合事業結構，雖然是很容易造成缺失的架構，但是三星藉此同時誘導關係企業間的激烈競爭及緊密合作，活用成為其創造競爭力的根源，以下將檢視其在三星競合體制中所扮演的角色。

a. 家族企業主經營結構及未來戰略室的角色

　　三星關係企業間的競爭與合作，是奠基於家族企業主的強勢領導力。李健熙會長及未來戰略室是競爭與合作的軸心，目的在追求整體集團層級的優化，他們支援關係企業專業經理人進行經營決策，或是擔任著掌控部分關係企業層級的優化角色。針對有助於集團層級優化的專業經理人，三星透過給予獎勵，同時推動激烈的競爭與緊密的合作。倘若專業經理人的人事及

薪酬只是由關係企業的董事會層級來決定的話，將難以推動目前三星所形成的關係企業間的競合體制。

　　三星的關係企業為了實現更高的績效，進行著相當激烈的競爭，因為左右三星高階管理層級的薪酬及升遷的條件，不僅是絕對性的成果，還包括與其他事業部比較之相對性的成果。在這種強烈的績效主義式薪酬及升遷制度的影響之下，一旦藉由合作可以提升經營績效時，三星內部就會產生自發性及緊密性的合作，其範圍或強度，也會比個別企業間的合作更為廣泛及緊密。

　　相反地，在此環境下，若是必須透過特定部門或個人的犧牲，才能夠提高整體的績效；或是合作的成果只對某個部門有正面效益；或是短期沒有效果，只有長期效果產生時，很可能就不太會產生自發性的合作。因此，長期下來，就會出現三星的關係企業或事業部間，不太容易為了開發未來具有潛力的創新性新產品而進行自發性合作的問題。而李健熙會長及未來戰略室在關係企業間出現彼此長期可以雙贏卻不合作的情形時，就會基於集團整體的最佳化，扮演協調人的角色予以介入。

b. 複合性事業結構的角色

　　若是檢視複合性事業結構對三星競合體制的影響，可以發現由於具有這種結構，才可能落實事業部之間為了創造價值的合作，以及針對價值分配的競爭。多虧了這種複合性事業結構，三星的關係企業及事業部才得以推動自律性經營及責任制經營的獨立事業單位，並且以此為基礎，依據客觀性業績評估及相對性業績比較的績效考核方法，同時誘導激烈的內部競爭及緊密合作。尤其是三星有別於其他國外電子業者，深化了內部的垂直整合，並且形成以競合來創造競爭力的場域，使其得以透

過內部競合，快速地進入全球一流企業之列。

嚴格的內部績效考核及薪酬體系

三星在新經營革新之後，重新設計了誘導各個事業單位的激烈競爭，以及在需要合作之處，得以引發徹底合作的績效考核及薪酬體系。三星針對關係企業、事業部、小組、個人層次進行績效考核。在績效考核時，同時活用評估目標達成率的絕對性評估方式，以及相對性的比較彼此成果的相對性評估方式，績效考核的結果，將直接影響相關主管的升遷、任免、年薪、紅利等，在績效考核及薪酬方面，徹底的採取績效主義，以誘導激烈的內部競爭與合作。

此種嚴格的績效考核體系，有助於減少盲目追求綜效之經營方式的副作用，並達成以適者生存的內部競爭為基礎的向上平準化，因此，各個關係企業及事業部基本上可以建構出符合自己所屬事業或產品特性的資源及能力，對外而言，可以與競爭者，尤其是專業型競爭者進行激烈競爭，對內而言，則可依據集團本身所設定的嚴格且高水準的評估基準，與其他關係企業或事業部，不斷的進行比較及評價。

內部績效考核體系運作完善之下，使得三星關係企業的社長或事業部的部長對於會成為績效考核對象的內部競爭者的在意程度，更甚於外部競爭者。因此，關係企業的社長們為了比其他關係企業繳出更亮眼的成績單，與其他關係企業的交易條件都會進行激烈的協商。一如前述，三星是依據關係企業間的相對性績效考核結果來決定其主管的年薪水準、留任與否，以及升遷至規模更大之關係企業的社長等等，而關係企業內部的事業部負責人、事業部內的組長或組員們，也是比照此原則。總之，由於依據相對性績效考核結果所給予的薪酬多寡也大不

相同，因而造成組織內部各個層面徹底的重疊性競爭。例如，在三星電子生產手機的無線事業部，與半導體事業部之間，便展開無形的激烈業績競爭，這是由於績效更好的事業部高階主管，更有可能升遷至更高階層的經營團隊。因此，三星電子某個事業部門主管便曾指出，「三星電子各個事業部最害怕的競爭者，事實上就是其他事業部，因為若是業績下滑，就會被從資源分配的優先順序中排擠出去。」

有趣的是，誘使關係企業間展開競爭的要素，亦即依據績效的薪酬及升遷制度這點，也是引發關係企業間自發性合作的關鍵因素，因為若是為了提升所屬關係企業本身的績效，必要時還是得與其他關係企業進行自發性及果敢的合作才行。三星關係企業間的自發性合作的領域及強度，比起各自獨立的企業之間的策略聯盟，範圍更為寬廣，強度也更高。究其原因，在於三星增加了金錢方面的薪酬誘因，而且三星的關係企業也相信李健熙會長及未來戰略室，會管控關係企業間的投機性行動，因而能夠以「視三星的關係企業為一體」的「一個三星」意識來運作。

導入內部交易市場機制及雙重供應來源

一九九〇年代後半以來，三星為了減輕垂直整合化的副作用，在內部交易方面也導入嚴格的市場機制，以激勵關係企業的零組件及材料部門提升生產力及品質，並且降低成本。此外，三星也建構了即使集團內部可以生產或是供應的材料或零組件，也同時向外部業者採購的雙重供應來源（dual sourcing）體系。以電視事業為例，即使是由關係企業三星顯示器供應面板，但也同時向夏普（Sharp）等外部業者採購面板。

此一制度落實的結果，造成最近三星關係企業間或事業部門間的交易，不但沒有比外部供應商享有額外優惠，若是品質、價格、交期方面缺乏競爭力，也有可能面臨被淘汰的風險。例如，二〇〇一年，三星電子在電解電容器（electrolytic condenser）的供貨競爭中，就淘汰了關係企業三星電機。此一事件讓三星電機倍受刺激，因而成為其開發出具備世界水準的高附加價值產品——積層陶瓷電容（MLCC）之契機。此外，三星電子的 LCD 事業部雖然在內部直接生產彩色濾光片（Color Filter）此項 LCD 零組件，但也向日本住友化學（Sumitomo Chemical）的南韓子公司東友精密化學（Dongwoo Fine-Chem）採購，並且將雙方的產品進行比較，若是事業部自行生產的產品，其品質不如東友精密化學，或是報價較高，就會即時斥責或是給予警告。因此，關係企業內部甚至還會爆發不平，認為「三星電子不是擔任保護傘，而是鞭子的角色」、「三星電子比外部客戶更可怕」、「外部客戶都不會像三星電子這般嚴酷」。尤其是三星電子為了掌握情報及技術趨勢，採取整體採購的 30％以上要來自外部的基本方針。此一原則對於供貨給三星電子比重較高的關係企業形成刺激，使其不會僅僅固守於三星電子這個內部客戶，而會致力於拓展外部市場[2]。

針對同一事業的並行投資

三星各個關係企業及事業部門亦面臨著集團內部其他關係企業及事業部門的直接內部競爭，各個關係企業同時進入新興事業領域的例子亦不少。當不確定哪個技術提案更好時，便由集團內部許多部門執行同一計畫，以刺激競爭提升開發速度。例如，在相機手機模組領域，三星電機及三星泰科（Samsung Techwin）便曾各自推出採用最新技術之產品，展開激烈競爭。

此外，在 OLED 領域方面，直至二〇〇八年以三星行動顯示器為名的合資公司成立之前，三星電子的 LCD 事業部與三星 SDI 之間的競爭亦十分激烈。雖然這種內部過度競爭的情形，可能導致資源重覆投入的損失，以及策略不協調的混亂，但是若能有效加以管理，將可創造出因應不連續之環境變化的各種選擇及經營彈性（operational flexibility）。此外，藉由適者生存的內部淘汰機制，也可以打破既有組織經常容易安於現狀的惰性，賦予改變及革新的動機，形成良性循環 3。三星對於績效卓越的部門，提供打破慣例之薪酬的「贏者通吃型」企業文化，使得此種內部競爭不是單純的陪練（sparring），而是真槍實彈的決一勝負。

透過常態性事業結構重組以鼓吹危機感

　　三星在一九九七年亞洲金融危機之後，以及二〇〇八年全球金融海嘯之後，都進行大規模的結構調整。後者的情形鮮為人知，但是其幅度並不小，以三星電子而言，當時約有三分之一左右的在職員工，都被下達了隨時待命的指示。在奠定了「隨時處理競爭力落後的事業」此一常態性結構調整概念之下，關係企業或各事業單位為了求生存，都以提升自身競爭力為最優先，而非無條件的協助其他關係企業，因此，集團內部的各事業部間之交易，尤其是有關移轉訂價（transfer pricing）方面，各事業部不得不依據市場價格，採取徹底的合理性行動。對於本身的事業部門若沒有某種型態的幫助，即便是同一集團也不會給予特別優惠，在集團內部形成了嚴峻的競爭秩序。

3. 以三大矛盾策略貫徹競爭力

　　三星在新經營革新之後，雖然持續及一貫性地尋求全方位的經營體系變化管理，然而，相較於完全拋棄既有方式以導入新模式，三星是採取保留既有模式的優點，並克服其問題的方式，來與新模式接軌[4]。因此，新經營之前所存在的傳統經營模式要素（大規模組織、多角化的事業結構、追求各事業領域的專門競爭力、日式管理），以及新經營之後所強烈訴求的嶄新經營方式（追求速度、追求各事業部門的專業競爭力、美式管理）之關鍵要素是相互並存，而成為新經營革新之後三星式經營的三大矛盾。

　　如此一來，三星變成同時追求乍看之下彼此對立的目標，包括是大規模企業，也是快速的企業；屬於非關聯性多角化企業，卻同時具備各領域的專業競爭力；同時兼具日式管理及美式管理的優點等等。同時追求這些彼此看似互相衝突的目標時，反而很容易失去戰略焦點，使得經營體系的內部構成要素之間產生不協調而遭致競爭力下滑的風險。但是，三星成功的克服了這三大矛盾，並且使之昇華為三星模式的骨幹，使三星相較於追求單一目標的競爭者，更能創造出差異化及永續競爭優勢。

　　以下，茲將散布於本書各個章節所論述之有關三星如何克服及解決這三大矛盾的內容進行整理，以試圖解析三星模式之特性。

1）透過規模與效率之調合增強競爭力

　　截至二〇一三年年底，三星成為擁有七十五個關係企業、四十八萬九千名員工的超大型企業集團，光是三星電子在二〇一三年的營收便達二百二十八兆韓圜。

一般而言，企業規模變大的話，許多層面的速度都會變慢，在決策方面的複雜程度變高、流程變長，內部協商也更為耗時。尤其是當發生全新的問題時，既有的官僚化規定或原則，往往會成為做決策時的束縛，而決定執行的內容，其速度也會減慢。由於決策者與執行者不同，難以傳達決策者的正確意圖，為了執行還要改變更多的轄下組織及人員，因此，大部分的企業總是處於做大規模以享有「規模經濟」，或者維持小規模以具備「敏捷性與速度」之間，而苦惱不已。

即使如此，三星在規模日益擴大之後，仍然克服了阻礙速度的問題，創造出競爭者難以模仿、優越的差異化速度。本書在第五章中具體地針對三星透過何種方法來提升速度做過詳盡分析，在此僅以三星如何克服拖緩速度的「大規模」之缺點為主進行說明。

家族企業主的強勢領導風格

三星以家族企業主的強勢領導力為基礎，相較於由專業經理人所帶領的美國或日本企業，可以更快速地下決策，所決定的內容也能更快速付諸執行。

首先，讓我們來檢視一下三星的決策速度。三星由於家族企業主的果敢決斷，得以針對生產設備、研發、品牌、設計等軟實力的大規模投資，迅速下達決策。而樂於承擔風險的家族企業主，比專業經理人更具有長期視野，能夠更快決策，此點也是三星半導體事業能夠比日本業者更具優勢的決定性因素。亦即，當日本業者透過專業經理人的協商，採取消極及慎重的決策之際，三星藉由快速決策適時擴張生產能力，而得以推出新產品。此一快速投資決策體制，在後來三星必須進行 LCD 事業等大規模投資時，同樣也發生效用，使得三星能以後進業者

之姿，在短時間內確保全球競爭力。

家族企業主若是參與決策的話，稍微不慎很可能會因為獨斷性的決策，作出非常錯誤的抉擇。但是，在三星幾乎不可能發生此一問題，因為三星是以李健熙會長、未來戰略室、關係企業或事業部的 CEO 所共同參與，兼具牽制與均衡的機制來進行決策。在此，我們以是否進入新興事業領域為例來說明。首先，包括負責之事業部及相關事業部，將會針對該事業的妥適性進行查證，總公司的未來戰略室則進行策略檢討，綜合技術院或技術研究所則進行技術檢視，經濟研究所則負責標竿及經濟層面的評估。由於三星是透過各個角度來檢視新興事業，因而可以減少發生決策謬誤。此外，經由這些過程，管理層對於所選定的新事業也會深具信心，並能快速進行大規模投資。

接下來，我們再來檢視家族企業主的強勢領導力對執行速度之影響。如同本書在三星的電視一流化委員會的案例中所言，為了達成李健熙會長「成為世界第一」的要求，三星集團的各個關係企業共同合作，在短期間內便登上全球冠軍寶座。若是沒有具備強勢領導力的家族企業主，光是討論關係企業及事業部各自對於該計畫要做出多少貢獻，計畫成果要如何分配，就必須耗費相當多時間協商。但是，三星是採取先合作做出成果，其他部分則在事情進行中再解決的方式，因而能夠提高執行速度。

不過，三星並非僅是以家族企業主為中心的集權式決策模式，反而是透過集權式決策與分權式決策的調合來加快速度。三星是由家族企業主負責中長期策略決策，另一方面，短期策略及一般日常性經營決策，則是大幅委由專業經理人或實務團隊負責，由他們在現場以專業知識為基礎，快速做出決策。

重視速度的組織文化及 IT 基礎架構

　　韓國文化本身就是強調「快快快（balli-balli）」的追求速度型文化，而三星比韓國其他財閥企業對提升速度的意志又更為強烈。雖然這是因為三星是以電子事業這種快速創新的事業為主力，不過三星本身就追求深具挑戰性目標的企業，也是主因之一。

　　三星為了形成重視速度的價值及組織文化，投注諸多心力。尤其是為了超越先進業者，往往會提出挑戰性的延伸目標（goal stretching），使得員工們必須擺脫傳統的思維模式，共同加入創新與改變之列。不論是建設半導體廠之際，透過二十四小時不停工的「突貫工程」以大幅縮短工期，或是藉由一週工作七天，以便在短期間內開發出新產品，都是具體的例子。

　　組織規模擴大之後，不論是資訊的蒐集、整理，乃至於傳達給應該活用情報的決策者，其流程都會變長，也將更為耗時。如同本書在第四章針對三星的「IT 基礎建設」所做的詳細說明，三星對於遍布全球各地的據點之生產、銷售資訊，幾乎都能做到即時蒐集及統計，並活用於決策，因而可以克服巨型企業的缺點。

　　三星為了提升產品及技術研發、管理流程及物流的速度，曾經使用過的方法及機制，則如本書第五章所詳述。

2）透過多角化及專業化之調合增強競爭力

　　三星是一個主要事業群涉足製造、金融、服務等領域的多元化企業集團。但是，三星的關係企業或其他事業部無論何時都扮演著彼此的最大競爭者及合作者的矛盾角色。平時，關係企業及事業部為了比內部競爭組織獲得更高的評價，以便在薪酬或升遷方面，占據更有利的地位，彼此間展開競爭激烈。因

此，事業部之間在決定內部移轉訂價時，也展開高強度的神經戰。但是，一旦出現強悍的競爭者，或是出現合作可以達成雙贏的事業時，就會組成各種任務小組或委員會，建構集團層次的合作體制，一絲不苟的集中力量。一如前述，三星以競合體系為基礎，反而將可能會阻礙專業性的多角化經營，活用為增進專業競爭力的手段。

三星的競合體系亦對三星所從事的事業領域產生影響。當關係企業之間過度強調競爭之際，就會發生雖然基於集團是必須從事的事業，但基於關係企業無法獲利而不考慮進入，或是已經進入該事業，但卻成為結構調整對象的情形。然而此種事業在三星往往是由關係企業共同投資，或是在集團中即使短期發生赤字，也會極力推動，以謀求整體最佳化。此外，當只強調關係企業間的合作之際，將難以進行結構調整，可能導致所有從事的事業領域競爭力惡化。而三星是以競合體系為基礎，透過關係企業資源重組，得以調整事業組合（portfolio），從金融危機初期三星所進行的大規模結構調整便能看出，其結構調整可以不受幅度及時間的限制來加以落實。

此外，在李健熙會長的洞察領導力之下，三星為了強化在電子相關的主力事業領域的軟實力，集中投資於研發、設計、品牌，這亦相當有助於強化其主力事業的專業競爭力。尤其是對於研發的集中及先行投資，建構了演進式創新能力，使其技術力提升至全球頂尖水準，也使得三星在電子領域的主力事業，成為其躋身世界一流的火車頭角色。

3）透過結合日式管理及美式管理以增強競爭力 [5]

如同哈佛大學企管研究所的麥可・波特（Michael Porter）教授早期所言，曾經在一九八〇年代風靡一時的日式管理，其

優勢在於作業管理（operation management），但是策略面則很脆弱，而美式管理則正好相反[6]。美式管理較為強調利潤及創造營收，因此依據選擇與集中原則，聚焦於相關產業，並追求事業高值化，且在過程中隨時進行事業及產品的結構調整。此外，其特色是製造主要採取外包或移轉至海外生產，核心競爭力主要來自於技術創新、品牌、行銷能力、設計能力等軟實力。此外，一般而言，相較於日本企業，美式管理採取集權型態的企業經營方式，重視具備差異化能力的核心人才更甚於員工的忠誠度，因此，主要依賴外部的勞動市場來徵才，其特徵在於有許多短期聘用的員工，並且依據能力及績效給予破例性的獎勵及年薪，而且員工在特定領域的專業能力相當卓越。

三星同時標竿日式管理及美式管理的優點，藉由嚴密的研究及實驗，使之轉變為符合三星經營體系的固有經營模式。此一結果並非僅由一兩年內集中努力而來，而是在過去數十年間的三星成長過程中所形成。三星徹底學習競爭者，並予以內化，因此有所謂「三星式經營便是教育及學習」之說。如同第一章所述，將日式管理要素及美式管理要素同時融合於一個組織之內，是相當吃力的事，因為各別的經營要素宛如有機體般地彼此連接，要將它們各自分離再重組，將十分困難。

從創業之初直至進入半導體事業為止，三星由於 CEO 的風格、事業的特性、韓國文化及勞動市場的特色等原因，主要採用日式經營模式。一般而言，日式經營的特性包括重視市場占有率，非關聯性多角化、垂直整合化、製造競爭力、強調品質及經營效率性，還有以內部晉升及年功序列制為基礎的升遷及薪酬體制，視員工及股東為一體的企業經營等。此外，當時三星所投入的事業中，主要著重於提升生產力及品質，因此相當適合日式管理。

但是，在推動半導體事業成長的過程中，三星聘用了在美國受過訓練的核心人才，這成為其導入美式經營的契機。美式經營的特性包括設定宏大願景、果敢的承擔風險（risk-taking）、熱烈的討論文化、現場導向型的快速決策及執行、透過破例式誘因引導員工發揮能力、從外部引進核心人才等，三星半導體事業導入美式經營而獲得成功後，半導體事業出身的人才們，便在在三星電子內部擔任重要角色，他們逐漸改變了三星電子的經營體系及文化，此一變化並不局限於三星電子，而是經由未來戰略室慢慢地擴散至整個集團。

　　另一方面，李健熙會長從新經營革新時起，為了因應經營環境的不確定性擴大，也鼓勵集團內部關係企業的 CEO 們採取戰略性思考，以及發掘未來潛力事業，誘導其由日式的「管理型 CEO」，轉變為美式的「戰略型 CEO」。此外，全球化、數位化等一九九〇年代所產生的典範轉移，使得戰略經營的重要性提高，也成為新經營以後，三星全面導入重視戰略的美式經營之背景。

　　一九九〇年代的亞洲金融危機是三星學習及散播美式經營的決定性關鍵時刻。當時處於嚴峻危機的三星得以成功完成結構重整，便是歸因於果敢地導入美式經營要素，並予以落實之故。亦即，三星化亞洲金融危機為轉機，執行了可說是美式管理核心的快速及果敢的事業結構重整及人力事業結構重整。

　　在此過程中，三星不是以美式經營全然取代傳統的日式經營，而是將這兩種經營方式的要素加以分解，再重新結合，以發揮其各自的優點。例如以漸進式的作法，在變動的環境下，快速及有效的因應及細密的管理，以及嚴格的組織綱紀、員工的高忠誠度、藉由培養員工能力及參與決策，持續進行現場改善及精細的品質管理方式，還有垂直及水平整合體制，重視製

造競爭力、產品品質及營運效率的策略等，這些日式管理的優點，便依然維持至今。

　　三星之所以在內部同時採取日式及美式經營模式，其直接的原因在於三星同時擁有戰略不確定性高的事業，以及大規模的製造部門所致。三星的主力事業——IT 產業是供需情況不穩定、技術變化無常，必須具備高度戰略思維的產業。為了因應此一產業環境，諸如果敢的承擔風險、確保核心人才、破例式誘因、創意的組織文化、快速等美式經營要素，便相當重要。但是，另一方面，三星亦致力於全球各地建構大規模的製造基地，以確保成本競爭力，其基礎便是來自於新經營革新之前的數十年間所累積的日式管理要素。如此一來，使得目前三星以CEO 體系為中心的戰略部門，主要採取美式經營方式，而在與工作現場及實務相關的營運（operation）部門，其日式經營方式則相對明顯。

　　此外，隨著在二十一世紀的知識經濟時代日益重視技術力、品牌、設計等軟實力，三星也降低了傳統日式經營所強調的均質人才及年功序列式薪酬制度之比重，果敢地導入美式經營的重視核心人才，以及依據能力及論功行賞的薪酬制度。不過，三星並非全然推翻既有的公開招募，或是以年資為基礎的升遷、薪酬制度及長期雇用制度，而且維持其相當部分的框架，再與美式經營的確保及培育核心人才，以及依據個人及團體的績效制訂薪酬及升遷的制度進行接軌。

　　三星雖然是透過嚴謹的標竿之後，才決定導入美式經營制度，但是初期也是以導入的關係企業或三星經濟研究所為中心，透過徹底的進行研究及小規模的安排及測試過程，將該制度調整及改變成符合三星文化及經營體系之方向，使之三星化。在導入外部經營創新方法時，最容易失敗的理由之一，便是認為

國內外知名企業已經導入，便不加思索，好像深怕會落後於流行趨勢，而沒有考慮到與自身公司組織的吻合性，只是依樣畫葫蘆的模仿，結果卻無法與既有的組織文化或系統好好整合[7]。因此，當短期之內營運績效沒有改善，反而惡化之際，企業很容易對新的創新模式感到失望而予以放棄，結果經常只是浪費了時間與金錢，造成組織的混亂而已。但是，三星是標竿了全球先進企業，仔細的研究及分析其最佳實務（best practice），然後經過實驗過程，以小規模的測試證明有效之後，才在未來戰略室的主導之下，擴散至整個集團，因而可減少嘗試錯誤（trial and error）的情形。

最具代表性的案例，便是導入六標準差的美式管理創新方法。三星集團在一九九六年由三星 SDI 率先標竿美國奇異電子導入此一方法，並將其變形改良為符合三星的文化及經營體系而大獲成功。然後，以三星 SDI 為首，三星的電子領域關係企業依序導入，產生成效之後，從二〇〇二年起，在未來戰略室的主導之下，才將該方法擴散至整個集團。雖然是標竿美國奇異電子，但是有別於奇異電子僅以管理者為對象來運用六標準差法，三星則是讓全體員工均接受六標準差的教育訓練，將其進一步改良為三星式的六標準差法，運用於整個三星集團。

在導入美式績效考核制度——成果誘因制的情形也很類似。三星是標竿美國的 HP 而導入此一制度。但是因為美式的成果誘因制度一般都只適用於上厚下薄的組織型態乃至經營管理團隊，不太符合韓國企業重視製造競爭力，以及賦予全體員工動機的儒教傳統之平等主義文化。因此，以三星經濟研究所為中心進行深入的研究分析之後，改變成針對屬於「超額利益分配制」的事業部的所有員工，均提供同一比例的成果誘因，此點對於全體員工朝向同一目標前進，具有相當大的貢獻。

如同上述案例所示，若是認為三星是結合了日式管理及美式管理，所以「三星式經營就是單純以有形的方式結合日式及美式管理」，那就大錯特錯了。三星雖然是以全球一流企業為對象，透過積極的標竿學習，挑選出美式管理及日式管理的優點，但是並不以此為限，而是透過宛如化學變化的整合方法，重新創造出三星式經營模式。如同在放著有益身體的各種材料的韓式拌飯之上，加入了辣椒醬後，若是不攪拌好再吃，就一點味道也沒有，但是若是能將辣椒醬與其他食材攪拌均勻，便會十分美味。由於具備此種三星式的重新創造過程，使得新導入的制度也能夠十分融入於三星內部經營體系，而建構出動態核心能力，這對於三星持續提升經營績效，亦有莫大貢獻。

　　下頁圖表則顯示出三星傳統所採用日式管理之優點，以及新經營革新後所採用的美式管理之長處，如何妥善結合，並且改良及創造成為三星式管理。

日式、美式及三星式管理比較

主要領域	日式管理	美式管理	三星式管理
戰略	—多元產品之多角化 —系列化	—集中化 —常態性事業結構重整	—多角化及垂直整合化＋集中於少數產品
核心競爭力	—製造競爭力、產品品質、經營效率之持續改善	—技術創新 —品牌、行銷、設計等軟實力	—製造競爭力、產品品質、效率性＋軟實力
人事制度	—公開召募、內部升遷 —以年功序列制為主之敘薪制度 —重視員工忠誠度	—依經歷錄用 —以能力／績效為主之敘薪制度 —重視核心人才	—公開召募及依經歷錄用並行 —年功序列制、能力與績效敘薪制並存 —同時強調高忠誠度及核心人才
供應鏈管理	—以長期夥伴關係為主之採購（sourcing）	—以競爭式投標為主之採購	—雙重採購來源（dual sourcing） —依據市場原則的內部交易（競合體系）

CHAPTER 9

三星模式的未來

本章將以目前為止所論述的內容為基礎,探討三星模式的內部及外部契合性,並檢視其持續的可能性。更進一步則將分析三星模式的未來課題,以及作者們針對三星為了更上層樓,躋身為全球超一流企業,應該朝哪個方向演進之看法,最後一節則將整理出三星模式對於台灣企業等國外廠商之啟示。

1.三星模式可能持續嗎?

若想要驗證三星模式的持續可能性,首先應該檢視三星模式的內部及外部契合性。麥爾斯和史諾(Miles & Snow)曾經建議,在外部環境變化之下,企業若想要獲取高績效,必須樹立吻合新環境的戰略,以確保外部契合性;同時,也要重新建構符合新戰略方向的公司能耐及經營體系,以確保內部契合性[1]。在同一脈絡思維下,大衛·奈德勒(David A. Nadler)及麥可·塔許曼(Michael Tushman)也認為,企業若想獲得卓越績效,首先必須擅長於因應外部環境變化,進一步再擬訂主導環境變化的戰略,以確保外部契合性;然後,為了使新戰略及經營體系具有高度一貫性,則必須以重整後的型態來提升內部契合性[2]。

三星也是依據上述論點，藉由新經營革新同時提升外部契合性及內部契合性，才得以獲得成功。為了提升外部契合性，三星因應二十一世紀的數位化、全球化、知識經濟化等主要典範轉移，在此一大架構下，試圖改變其戰略，包括重視品質之經營、躍升為市場先驅者、事業結構高值化等等；為了提升內部契合性，三星透過大幅度的變革管理，導入執行新戰略所需的人才經營及經營管理模式，推動價值與文化之創新。藉由此過程，三星重新整頓其經營體系的所有要素，成功形成了三大核心能力，尤其是在變革管理的過程中，導入了競合體系，也更快速地強化其三大核心能力。總言之，三星躍升為全球一流企業，可說是新經營革新之後的二十年間，外部契合性及內部契合性共同達到最高水準所致。對此，茲詳細說明如下：

1）提升三星模式的外部契合性

　　新經營革新之後，三星推動重視品質、市場領先者及事業結構高值化的戰略，以因應外在環境的典範轉移。在二十一世紀數位化經濟時代，全球市場呈現贏者通吃的趨勢，透過搶占市場由快速追隨者轉變為市場領先者，是三星的首要課題。對此，三星傾全力於提升戰略性決策及執行面的速度創造能力。

　　此外，在二十一世紀全球知識經濟時代，諸如技術力、設計、品牌、客制化整體解決方案提供能力等無形資產，尤其是智慧財產權，將左右企業及國家的競爭力。在此環境下，為了求生存及蓬勃發展，必須比別人更早開發出全球最高水準的產品、技術及經營流程，因此，三星致力於強化其演進式創新能力，以及加強品牌、設計等軟實力。此外，在全球超競爭時代，為了克服身為後進業者兼挑戰者的資源限制，與專業型競爭者進行差異化，三星透過事業結構的水平多角化及垂直整合化、

地區群聚化、產品及服務融合化等複合化作法，有效地創造出綜效。就此一層面來看，可說在新經營革新之後，促使三星發展的戰略、核心能力、經營體系等，具有相當高的外部契合性。

尤其是三星基於李健熙會長的敏銳洞察力，經常能比別人更早預知外部環境的典範轉移。諸如預測到二十一世紀電子產業的典範由類比轉移至數位將產生的巨大變化，而於一九九八年領先全球推出數位電視，比 SONY 等主要競爭者進行更大膽的投資，建構出數位化相關技術力及事業與產品組合，便是很好的例子。此外，李會長認為在二十一世數位化時代，與後進業者基於技術層面進行產品差異化將日益困難，因為消費者的感性需求將更為強烈，他看清了設計及品牌將日益重要，因此致力於強化設計及品牌等軟實力，使三星在這些方面提升至全球最高水準。

此外，當無法事先預測到外部環境的典範轉移之際，三星則以獨特的執行力為基礎，比其他企業更快速地追趕上主導典範轉移的領導業者。例如二〇〇八年以後，由蘋果公司的iPhone 引爆的火熱反應，形成了所謂的智慧型手機旋風時，諾基亞、摩托羅拉、LG 電子及三星電子均受到重創。但是，唯有三星憑藉著獨特的快速執行力，很快地追趕上蘋果。這是三星透過經常高喊著變化與創新，發揮著核心角色的家族企業主，還有過往琢磨而成的速度創造能力、透過合作之融合式綜效創造能力，以及創新能力才得以達成。

三星的三大核心能力及五大經營要素間之關係

	速度	複合化綜效	演進式創新
領導力及公司治理結構	—延伸目標（goal stretching） —大膽的決策 —果敢的權限下放	—成為合作軸心的家族企業主 —未來戰略室的協調功能	—延伸目標（goal stretching） —形成危機感 —未來戰略室的知識移轉、擴散、促進功能
戰略	—市場領先 —選擇與集中	—垂直整合化 —知識、情報、品牌共享	—創新為先 —搶占市場 —重視品質
人才經營	—忠誠度及投入程度 —勤勉性 —集團績效獎勵	—CEO、經營管理層輪調（共享成功 DNA） —針對關係企業社長的評價，反映其合作程度	—挖角核心人才 —確保海外優秀人才（海外研究所） —績效導向的薪酬制 —集團績效獎勵
經營管理	—大範圍管理 —IT 流程創新（SCM／ERP） —地區群聚化 —樂高式、跳級式、領先研發、併行開發	—複合式研發 —地區的群聚化 —未來戰略室／綜合技術院的協調 —關係企業間的委員會	—地區的群聚化 —樂高式、跳級式、領先研發、併行開發 —關係企業間合作研發
價值與文化	—第一主義 —危機意識 —創新為先 —追求變化	—一個三星（Single Samsung）	—第一主義 —合理主義 —危機意識 —人才第一

2）提升三星模式的內部契合性

三星在因應外部環境變化，或是領先環境變化來轉型的過程中，致力將戰略、執行戰略所需的核心能力及經營體系間的內部契合性，朝著大幅提升的方向來進行變革管理。在第三章及第四章中，本書詳述了新經營革新之後的二十年間，三星基

於市場領先者策略及事業結構高值化策略，為了提升內部契合性，如何進行領導風格、公司治理結構、人才經營、經營管理、價值及文化的重整。如上表所示，促進三星成長的三大核心力量是以領導力及公司治理結構為核心所形成的主要經營體系，並以其核心要素方面的變化及支援為基礎而發展而成。由於三星的領導力及公司治理結構、經營體系的主要構成要素，以及三星所建構的動態核心能力之內部契合度非常之高，因此三星才得以發展為全球一流企業。此外，如第八章的深度分析所示，三星在透過建構競合體系，以提升速度及學習的同時，也調合了在追求綜效的過程中，可能引發依賴性變強的負面功能，歷經此一過程所確保之三星的三大核心能力，對於三星躍升為全球一流企業，具有決定性的影響。

3）三星模式之永續性

三星獨特的經營體系，以及基此而累積的資源及能力所形成的三星模式，未來也能夠維持，並且繼續創造出高績效嗎？特定的企業若要持續創造出高績效，必須要具備符合外部環境典範轉移的外部契合性，並同時提升內部策略、公司治理結構、文化，以及經營體系、資源與能力間的內部契合性，且必須動態維持這些內外部契合性才行。此外，企業為了享有永續性競爭優勢，其核心資源及能力必須促成客戶價值的差異化，並且內化至組織中，讓競爭者難以模仿。以此兩點觀之，在現有外部環境的主要典範持續下，三星已經創造出可維持的競爭優勢，並且形成可維持相當時間高成長的組織。

首先以外部契合性的層面來看，如前述分析，三星模式演進及發展過程中，三星所建構的經營體系及動態核心能力，相當符合二〇一〇年代的主要典範轉移。亦即，數位經濟時代的

到來，尤其是近來智慧革命所引發的經營環境，其複雜性及不確定性高漲，在環境變化加速，產品生命週期縮短之下，三星速度創造能力的重要性日益升高。此外，智慧革命的加速化之下，產業疆界也日漸消失，整合的情形日益深化，而三星的複合化事業結構，以及基此的合作綜效創造能力，則有助於因應此一狀況。此外，在全球知識經濟時代，藉由創新來創造知識乃一大要務，而三星的演進式創新能力，可說亦符合此一趨勢。

尤其是在新經營革新之後，透過長期及具有一貫性的變革管理，使其戰略、經營體系、核心能力之間，形成非常高度的內部契合性，因而使競爭者幾乎難以模仿三星模式而創造出相同水準的成果。就像豐田汽車也開放汽車工廠給競爭業者參觀，然而，即便全球所有的汽車業者都積極借鏡豐田模式，卻沒有任何一家公司真正體會其精髓的情形一般。

一個企業的競爭優勢根源，若是化為特定的技術或功能，則相對容易模仿，然而，若是該企業的競爭優勢乃至核心能力的根源像三星一般，是透過漸進式的於系統中產生，則競爭者將難以了解該企業經營成功原因為何？核心能力如何創造而來？即便已經通盤了解，也無法完全複製其整個經營體系，只能模仿一部分的經營實務，因此十分可能無法產生相同水準之績效。由於模仿而來的經營實務，與該企業既有的文化及經營體系無法吻合而產生不協調的情形很多，因此，別說是提升績效，反而會使營運更加惡化。因此，在現有的產業典範之下，三星模式的可持續性理應相當之高。

然而，這並不意謂著三星模式應該就此延續下去。即便三星已經躍升為全球一流企業，但是若要成為全球超一流企業，三星仍有許多不足之處。此外，外部環境的典範轉移，時時刻刻都可能動搖三星模式的骨幹，對三星造成強烈衝擊。尤其是

最符合現有戰略的三星模式之領導力與公司治理結構、經營體系的構成要素中的任何一項，若是受到內外部因素影響而產生裂痕的話，其內部契合性將化為烏有，甚至不排除可能會動搖整個三星模式，因此，三星模式必須持續演進及發展才行。

2. 三星模式的課題

　　二十世紀之後，三星邁入創業以來最為人稱頌的全盛期。尤其在二〇一二年，三星電子更締造了營業利益超過二十九兆韓圜的紀錄，登上全球製造業最佳經營績效的頂峰。不過，創紀錄的佳績也成為引發三星未來大危機的源頭。史有明訓，巨大成功之後，往往伴隨著危機，在企業的世界也大同小異。曾經叱咤風雲的領導企業，因為陷入自滿的陷阱（competency trap），未能快速掌握外部環境的典範轉移時機來進行變革，導致由盛轉衰，甚至倒閉的例子，可說是多到不可勝數。

　　由此觀之，登上顛峰之際，大部分的企業往往相信自己可以維持領先地位，而固守在既有的思維及產品。然而，此時正是熊彼得（Joseph Alois Schumpeter）所強調最需要透過變革來進行破壞式創新（creative destruction）的階段[3]。由近來曾經引領一時風騷的 SONY 以及 Nokia 的衰敗案例可以得知，面對典範轉移時，即便是既有的產業領導者，也會畏懼於對原有事業的自我蠶食（cannibalization），而不敢進行破壞式創新，這種情形可說比比皆是。因此，既有產業領導者面對能夠因應典範轉移，而開發出劃時代的新產品或技術、服務或商業模式、經營體系的競爭對手，乃至後進及新興業者的挑戰之下，喪失產業主導權的情形屢見不鮮。以後進挑戰者的立場而言，典範轉

移之際，正是顛覆既有產品及技術的基盤，主導破壞式創新以擊敗領先業者的絕佳時機。因為若是傳統的典範繼續維持，既有領導者將可強化其建構規模經濟或品牌知名度等先驅者優勢（first mover advantage），後進者追趕起來將十分吃力，不過，當典範轉移時，領先者所具備的競爭優勢將會弱化，甚至成為阻礙改革的桎梏所在。

三星集團最主要的代表企業——三星電子，自一九九三年推動新經營革新以來，在二十一世紀確保了競爭者難以模仿的差異化核心能力與競爭優勢，並且達成了全球最高水準的經營實績。但是，為了維持競爭優勢，落實創造經營，躋身全球超一流企業，必須透過不斷的變革來使三星模式持續進化發展。如同李健熙總裁最近所提出的警告，三星要成為全球超一流企業尚有許多不足之處，因為長期而言，所有三星的主力事業都有可能灰飛煙滅。

"每每聽到我們的業績創下新紀錄，我就越是擔心，因為三星要躋身全球超一流企業還差得遠，我很憂心各位就此懈怠下來，或是又出現以往的陋習。"
——李健熙

"現在是真正的危機。全球的一流企業都在衰敗，三星會如何也不得而知。十年內，三星代表性的事業和產品都會消失。我們應該要再度奮起，沒有時間再猶豫，向前行吧！"
——李健熙

所謂全球超一流企業，是指掌握關鍵技術及標準，藉由創造全球絕無僅有的新型產品或新產業來主導產業發展，並且以強大的市場支配力為基礎，創造出長期穩定經營績效之企業，

也是主導創造式革新，或是必要之際，可以將自己原有的產品及事業進行破壞式創新，以謀求永續經營之企業[4]。此外，全球超一流企業並非倚靠一位執行長（CEO）來衝高業績，一旦執行長換人就無法再創業績高峰的企業，而是建立了自己獨特及優越的經營體系，並且以此為基礎來維持長期競爭優勢的企業[5]。

在此，我們將分析三星為了成為真正的全球超一流企業，目前應該解決之課題，並且以作者的觀點，提出三星模式未來應該演進及發展的方向。茲將三星躍升為全球超一流企業所需思考之戰略，以及經營體系層面的課題摘要如下表所示。

三星模式之中長期課題

項目	課題	解決方案
經營戰略課題	透過創造式革新強化市場主導力	進化為二元化組織 運用併購（M&A）與實質選擇權（Real Option）
	變身為整體解決方案及平台領導者	提供產品相關解決方案 主導產業生態界平台的領導力
	縮減關係企業間競爭力落差及事業結構的高值化	提升金融、服務事業的競爭力 將未達全球水準的子公司進行結構重整
	變身為跨國企業	全球網絡最佳化 調配全球網絡資源
	建構共生商業模式	透過競爭力及共生力的調和，建構深受喜愛的企業形象 雙贏合作的商業模式
經營體系課題	確保全球超一流人才	提出海外人才的職涯規劃（Career Path） 形成發揮海外人才能力的文化
	倡導容忍多樣化之開放性文化	強化開放性及尊重個人的文化 組織分權化、水平化、網絡化
	創意性的組織文化	水平、分權的組織營運 以長期績效為基準之獎勵 容忍失敗的文化
	維持「一個三星（single Samsung）」的內部凝聚力	基於共同價值及文化的凝聚力

1）經營策略課題

透過創造性革新強化市場領導力

　　三星在新經營之後，以「透過極高品質實現全球一流」做為戰略願景，試圖由原本的快速追隨者及模仿者戰略，大幅改變為市場領先者及創新者戰略。此一戰略在半導體、LCD面板、電視、手機、二次電池、造船等領域大獲成功，使得三星登上全球一流企業的寶座。尤其是這些領域中，三星藉由從既有產品的專業知識（domain）或技術路徑內的改善及差異化以提升客戶價值的創新能力，已經到達全球最高水準。近來，三星的演進式創新能力更進一步由現有的技術及產品領域，升級至創造新品項（category）的階段。

　　例如，在二〇〇九年以後，三星在數位電視方面領先推出LED電視、3D電視、智慧型電視而提升了市占率；在半導體方面也開拓出混合式記憶體（fusion memory）市場，並在次世代儲存設備——固態硬碟（Solid State Disk, SSD）市場取得領先地位等，皆是將既有產品帶入創造新品項階段的案例；而在智慧型手機方面，三星以獨特的觸控筆解決方案為基礎，創造出Galaxy Note平板手機（Phablet）此一新產品，亦屬此例。此外，有關顯示器方面，在領先推出AM OLED後，接著又成功地率先將軟性顯示器予以商用化。而在造船方面，則領先全球建造出破冰油輪，以及開發出海上乾燥浮船塢（floating dock）施工法等新產品類目，持續強化先驅式的創新能力。

　　最近，三星以此創新技術為基礎，強化其專利管理，試圖以市場領導者之姿來主導世界標準。三星領先全球的技術中，包括視訊壓縮編碼技術（MPEG-4）、數位電視、第三代行動通訊技術（International Mobile Telecommunications-2000, IMT-

2000）等領域，均已獲選為國際標準，尤其是 MPEG 標準更讓三星每年收到相當金額的授權金。

但是，這種在現有產品及技術路徑內製造出新品項的創新，以經營學的嚴謹觀點來看，算是演進式創新發展到極致的形態，若是更厚道地予以評價，則可說是屬於演進式創新與開創出全新產品、技術、商業模式的創造式革新之間的階段。事實上，三星尚未有領先開發出市場上史無前例的根源技術或創新產品，主導技術標準而確保強大市場支配力之案例。三星雖然不乏創造出新品項的案例，但是由於其中大部分是從外部導入核心根源技術，隨著銷售額的增加，必須支付給擁有該技術之廠商的專利費用也等比例成長。

尤其是近來專利及智慧財產權日益成為一種戰略武器之下，變得難以透過逆向工程（reverse engineering）來進行技術模仿或取得技術授權，即使可以花錢來買技術，相較於過去，事實上，技術使用費也已經暴漲，而且，最近基於核心技術專利的侵權訴訟也快速增加中。最具代表性的案例便是蘋果與三星針對智慧型手機及平板電腦等智慧型手持裝置所展開之全球矚目的訴訟。從南韓化工製造商柯隆（Kolon）被控侵害杜邦（DuPont）的 Kevlar 品牌芳綸纖維（aramid fiber）商業機密的訴訟可以看出，當被判定為侵害核心根源技術時，其賠償金額將達到超過以兆韓圜為單位的天文數字。更嚴重的問題則是在以知識為基盤的高科技產業中，未來即便花錢也買不到核心技術的可能性將日益升高。

因此，為了成為全球超一流企業，三星必須將一直以來依照將現有技術及產品進行改良及發展之演進式創新，以及提升既有產品的成本效率性之效率創新（efficient innovation），添加上領先開發核心根源技術，以創造出新產業乃至新產品群，具

備足以主導非連續性創新（discontinuous innovation）或破壞性創新（disruptive innovation）的創造性革新能力，因為根據許多研究企業創新的學者們之研究結果，企業唯有尋求創造性革新，才可能大幅提升營收成長，並且享有長期的高獲利。

因此，為了成為全球超一流企業，除了具備全球最高水準的演進式創新能力，還必須建構創造性革新能力，這是此一時代所該做的事。李健熙會長在二〇〇六年為了促進創造式革新所提出的創造經營宣言，也是在此一脈絡下，符合時勢的舉措。

李會長為了推動創造式革新，以向來強調的準備經營為基礎，針對核心根源技術大舉強化領先投資。多虧此舉，在創造經營之後，三星以綜合技術院為中心，大幅增加了核心根源技術的先行投資。最近，綜合技術院便成功開發出石墨烯（Graphene）半導體這類的核心根源技術，未來也將更加致力於開發及確保核心根源技術。

另一方面，如同蘋果的 iPhone 案例所顯示，創造式革新並非一定要透過開發核心根源技術才有可能。以 iPhone 的情形而言，便是將現有企業內外部所存在的技術，以創意的方法加以重新組合，並加上所謂的應用程式此一領先的商業模式創新，即成功達到創造式革新。根據創新理論的先驅者熊彼得（Joseph Alois Schumpeter）深具洞察力的剖析，大部分的創新都是將現有組織內外部所存在的知識以嶄新方式重新組合而成，創造式的革新亦不例外。因此，為了開發核心根源技術的努力，以及朝著大幅提升客戶價值的方向，將現有知識以創意的方法重新組合，引領商業模式的革新，也是三星應該要走出的創造式革新的主要方向。三星為了未來將其創新能力提升至足以產生創造式革新，達到全球超一流企業的水準，必須針對下列層面，使三星模式持續演進。

a. 為了創造式革新而演進為二元化組織

創造經營是指創造出世界上並不存在的新產品、技術、服務、商業模式的創造式革新。數十年以來，三星主要聚焦於降低成本以提升經營效率，並且藉由模仿及改良現有產品及技術來達成演進式創新，以韓國企業的立場而言，要在短時間具備符合創造式革新的新能力、經營體系及組織文化，是相當具有挑戰性的課題。

在開發出成功產品及技術的組織中，因為對「現有模式」的遵循文化及自滿，通常對創造式革新具有強烈抵抗意識[6]。亦即，成功大企業的官僚主義文化，基本上有著不喜歡變化的保守傾向，往往執著於現存的技術路徑及程序（routine），關注短期及看得到的成果，僅僅將研發聚焦於演進式創新而已[7]。此外，在導入外部技術或人才時，也顯現出消極、排他的傾向，很可能會造成執著於內部技術及研發非我所創（Not Invented Here, NIH）的現象，目前，三星也並非完全沒有這種維持現狀、短期性及目標導向性的傾向。

此外，三星等韓國企業由於導入儒教文化、日式管理及軍隊式文化，並加以內化發展，透過血統純正主義所培養出均質化人才及農業社會式的勤勉性，還有中央集權式控制及階級化組織，不容許失敗的嚴密管理體系，因而具有同質且封閉的組織文化。這些要素相當符合過去強調成本效率，以及以模仿與改良為主來追趕領先業者的策略，因而使得三星等韓國企業得以快速追趕上先進企業。

因此，三星等韓國企業在維持目前所確保的全球最高水準之經營效率及演進式創新之下，若想要成為善於實現創造式革新的企業，首先便要進化且發展成為「二元化組織」（ambidextrous organization）才行[8]。在創造經營的典範中，雖

然非常強調異質化的人才、能力、組織文化及經營體系等，然而在創造經營的價值之下，太過性急及激烈的追求變化的話，可能會大大地動搖了原本以全球最高效率而自豪的組織，反而將提升經營績效快速下滑的風險。

因此，現有組織假使是左腦思維（right-handed）組織，那麼就要維持既有的力量、系統及文化的骨幹，提升演進式創新的能力，另一方面，也要具備符合新能力、系統與文化獨立性及自律性的右腦思維（left-handed）組織，透過設計、商業模式等創造式革新及新事業，發掘新成長動力才行。若是現有組織只專注於挖掘成功的產品或商業模式及既有技術路徑，致力於將其加以改良的演進式創新，以及降低成本等經營效率的提升，那麼將只會追求短期績效，因此，將無法具備創造式革新或推展大規模新事業的能力或系統，再加上創造式革新或新事業不但要投入許多時間及金錢，而且看起來失敗率也很高，因此現有組織若是無理的賦予創造式革新或新事業課題，大部分都會失敗或中止，也是當然之事。根據最近以美國企業為對象所做的研究，導入二元化組織的企業，90％以上都成功的開發出創造式革新的產品，而且相較於傳統只靠左腦思維的組織，具有更出色的成功率及經營績效。

因此，三星的情形也不是一開始便將創造經營的典範運用於整個組織，而是集中在以可稱作特種部隊的右腦思維組織來培育，希望藉由創造式革新及新事業來發掘出新成長動力後，再將此運用於整體組織。為了推動創造式革新的右腦思維組織，必須由具有創意及專業性，且帶有挑戰精神的人才來組成。此外，除了要像李健熙會長所強調的尊重以創意為基礎的多樣性、開放性及彈性之外，也必須具備容忍失敗，並且鼓勵從失敗中學習的組織文化及經營體系，因為創造式革新是一大挑戰，而

且過程中一再失敗的機率很高。

此外，創造式革新必須經歷長時間的投資及努力，因此，必須運用有別於現有組織所採行的短期績效主義，以及奠基於此的績效考核及獎勵系統，導入其他評估體系。例如，績效考核期間由一年增加為三至五年，且在這段期間內，與全公司的平均績效進行連動來給予獎勵，或是在創造式革新最後成功之際，提供打破慣例的報酬，應該要導入這種形態的新體系。此外，雖然這種右腦思維組織是從既有的左腦思維組織取得財務及人力等核心資源的支援，但是由於其在一段時間內沒有產出任何績效的或然率極高，所以很可能遭到既有組織感到不以為然的攻擊。因此，最高管理階層必須要兼任右腦思維組織的部門首長，成為推動創造式經營的尖兵，提供持續性的後援及關注，尋求兩個組織間的合作及協調。

基於此觀點，以目前的時間點而言，三星如何將負責長期及基礎研究的綜合技術院這類右腦思維組織，培育成可以開發出全球最高水準的核心根源技術，並具備創造式革新能力，將是相當重要的課題。三星設立的綜合技術院是為了分擔原本全公司乃至各事業部的研究開發部門之角色，尋求中長期的探索性研究（exploration）及短期的活用性研究（exploitation）之間的均衡與協調。根據最近的學術研究顯示，企業為了持續創造出卓越成果，必須確保探索性研究及活用性研究之間的適切平衡才行[9]。綜合技術院是透過探索性研究以尋求創造式革新的典型右腦思維組織，而在創造經營的基調之下，其重要性更加提升。尤其是三星發表了創造經營宣言以後，綜合技術院大幅提升為了創造式革新的專案比重，不論是開發出石墨烯等前所未見的材料，或是製作出新物質結構等成果，都可說是值得稱許的方向。

此外，在既有的研究組織中，也必須另外設置負責執行創造式革新課題的特勤組織，以從事創造性產品及技術的開發。以此觀點而言，三星最近在既有研究所組織中所設立的 C-Lab（Creative Lab），以及統管此一組織的創意開發中心，便可說是基於二元化組織觀點的嘗試。三星最近設置了公司內部提案系統（IDEA Open Space），以發掘及活用組織內部的創意，發起了透過集團智慧來導出優質創意的活動，而為了具體實現因此而發掘出來的創意，也開始運作以事業部為單位的 C-Lab，以支援相關課題的執行。此外，為了在全公司擴散創意文化及精神，也開設了「創意學堂（Academy）」，並舉辦公開展示 C-Lab 成果的「C-Lab Day」活動，開始鼓勵員工們共同參與及主導創造式革新活動。創意開發中心是全公司實現創造能力的控制台，主要在廣泛地發掘創意，並促成所發掘之創意的實現，負責將創意文化及精神擴散至全公司。一如前述，此種三星式的二元化組織若是想要成功運作，必須有負責創造式革新的特勤組織，培育出徹底尊重與既有組織截然不同的多樣性、開放性及彈性，重視溝通、容忍失敗，以及從失敗中學習的組織文化，提供更長期的績效考核及獎勵時程（time frame）才行。

b. 強化併購及實質選擇權（real option）的思維及投資

目前，包括三星在內的全球主要企業，均面臨著無法事先預測將在何時何地，會因為創造式革新而出現不連續性變化（discontinuous change）的情形。由於不確定性及不連續性的變化之可能性升高，三星為了妥善因應此一變化，並且更進一步的主導變局，必須要有更具彈性的戰略思維及投資精神（mind）。因此，必須積極考慮導入最近諸如 HP、Intel、Microsoft、葛蘭素史克藥廠（GlaxoSmithKline, GSK）、默克

（Merck）等國際先進企業為了因應不確定性所活用的實質選擇權之思維及戰略。

如今，三星為了引導未來，也應該致力於強化創造式革新能力。但是，在高度不確定的情況下，所有技術及產品都由內部開發，或是急著下賭注（pool betting），都可能遭致相當大的風險，因此，必須積極考慮以實質選擇權投資於國內外數個具有潛力的新創企業，取得策略性的股權，或是併購具有核心技術的企業。三星在一九九〇年代併購美國個人電腦廠商 AST Research 公司，損失了一兆韓圜左右之後，相較於全球先進企業，在海外的戰略性持股投資或併購方面，都呈現消極的傾向。未來，三星若想要在海外確保先進技術，尤其是可能成為標準的核心根源技術，必須要考慮運用實質選擇權，策略性出資於國內外多個具潛力企業，取得其股權，此為在不確定環境下的有效戰略思維。此外，三星也必須積極強化開放式創新，更廣泛地與具有互補性技術的其他全球領先企業，或是具有核心技術的國內外潛力新創企業締結策略聯盟。此外，三星也應該透過與國內外研究型大學及主要公共及非營利研究所進行產學合作，確保基礎技術或是共同研究，這也是三星為了確保核心技術必須強化的領域。

三星比較晚才體認到這些必要性，因此最近才開始強化在全球進行策略性股權出資型態的開放式創新。基於此目的，三星在二〇一二年十一月於全球技術集中地——矽谷設立了戰略革新中心（Strategy & Innovation Center, SIC）及開放式創新中心（Open Innovation Center, OIC）。戰略革新中心主要致力於尋找零組件領域的新技術，而開放式創新中心則擔任發掘及投資於智慧型手機、智慧電視等終端產品領域的潛力新創企業之角色。這兩個組織具有直接決定小規模購併的權限，三星計畫不

僅是尋找優秀的新創公司，還將採用連最高管理層等核心人力也一併僱用的人才收購（acqui-hire）方式來進行購併。此外，三星也於所屬的育成中心設立加速器（accelerator）小組來培育新創企業。三星電子在南韓國內的事業部及研究所、技術院等也都設立了對應組織，進行緊密的合作[10]。

一如上述，三星透過矽谷的戰略革新中心和開放式創新中心對於新創企業的戰略性股權投資、小規模購併、育成等各種開放性創新活動，發掘當地的核心技術，加以驗證並執行，之後再將與商用化直接連結的技術移交給事業部，將領先及因應未來的技術，透過南韓國內研究所內化成為公司的能力。透過與矽谷的戰略革新中心和開放式創新中心的連結，三星成立了自己的基金，以矽谷為中心，針對開發次世代技術的海外新創企業，強化併購及股權投資，此一作法雖然比其競爭者慢了一步，但也相當值得期待。

此外，雖然三星在併購美國 AST Research 公司失敗之後，對於併購的態度過度消極，不過在二〇〇七年三星系統 LSI 部門也成功的併購了以色列的 IC 設計公司 TransChip 而強化了競爭力。雖然只是個小公司，但是以這個成功經驗所得到的自信心為基礎，後來系統 LSI 部門及新成立的醫療器材事業部為了確保互補性的技術或產品，也接二連三的展開併購。這些舉動雖然亦落後於競爭者，但也是值得期待的作法。未來三星為了確保技術、產品、核心優秀人才、品牌等等，應該無懼於失敗，更積極的採取併購及策略聯盟。由於即使是具有豐富併購經驗的先進企業，其併購成功率也不超過 30％，因此，為了累積經驗，可以先從「小規模（small deal）併購」開始，有了相關的能力及經驗之後，若有需要的話，便可進行更大規模的策略性併購。

轉型為整體解決方案及平台領導者

三星雖然向來是基於強大的製造競爭力而成長茁壯,但是在新經營以後,大幅強化了技術力、行銷力、品牌力、設計力等軟實力。然而,若想要躍升為全球超一流企業,未來也必須持續強化軟實力才行。二十一世紀由於數位技術的發展,零組件的模組化及系統單晶片化(system on chip, SOC),在企業價值鏈中,從製造活動乃至硬體可以創造出的附加價值持續減少;相反地,核心附加價值根源正快速移轉至核心技術、核心零組件、內容、軟體、行銷及品牌、設計、服務及解決方案等創造軟實力的活動。亦即,服務活動在產業中所占比重大幅增加,形成「產品服務化」,而消費者也變得重視商品的感性及軟性層面,形成「消費者軟性化」現象,結果唯有具備堅強軟實力的公司,才可以躋身為全球超一流企業之列[11]。以最近的智慧型手機革命來看,蘋果公司即使將製造全部委託給台灣的富士康代工,但是由於在設計、品牌等軟實力方面相當卓越,在二〇一二年,其營利率仍然比三星高出近兩倍。

尤其是三星若想要成為全球超一流企業,就必須要強化個別的軟實力要素,更進一步進化成為像 IBM 或 GE 這種客戶導向型的整體解決方案提供者(total solution provider)才行。以 IBM 的情形言,在一九九〇年代初期,為了擺脫經營危機,將過去以產品及技術導向型的戰略及組織文化,改變為客戶導向型,並且藉此不止單純地將產品提供給客戶,而是將與產品相關的綜合解決方案及服務同時提供給客戶,成功轉型為整體解決方案提供者。GE 也是除了銷售發電設備、醫療器材、飛機引擎等高價產品之外,還結合了金融服務等等,成功達成了產品的高值化及整合化,而在執行長傑克‧威爾許(Jack Welch)任內,該公司的營業利益率更上升了四倍以上。

目前，三星在各個領域將終端產品及核心零組件加以組合，成為全球領導企業，並確保多數的優秀客戶方面，可說是具備了轉型為整體解決方案的絕佳條件。因此，若能針對已經擁有的優秀客戶，同時提供綜合性系統、服務及解決方案，將能提高客戶轉換成本（switching cost）及忠誠度。此外，三星似乎也擺脫了主力產品臨近成熟期，再也難以進行差異化，價格競爭日益激烈的商品化陷阱（commodity trap），可以持續享有高附加價值及邊際效益（margin）。

以此觀點而言，三星內部已經具備成功轉型為整體解決方案提供者，強化市場支配力，享有高利潤的案例，這是相當令人鼓舞的事，其中最具代表性的案例便是半導體部門，以記憶體半導體的情形而言，為了擺脫商品化陷阱，將 DRAM、快閃記憶體等各種型態的記憶體及非記憶體結合為單一晶片，領先開發出整體解決方案的混合記憶體。此外，由於針對主要客戶分別開發及提供差異化的混合記憶體，因而成為全球最高水準的整體行動解決方案業者，也能更進一步強化其市場競爭力。最近，三星在許多事業領域，都致力於轉型為提供這種客製化商品或服務的整體解決方案提供者，尤其在中國業者日益猛烈的追擊之下，三星的主力產品中，有許多都快速成為泛用商品的情形下，更應該強化此種努力才行。

在此必須留意的是，成為整體解決方案提供者並不意謂著要直接開發、生產及提供所有給予客戶的商品或服務。在產業生態中，即便是客戶需求，若是想要直接提供自家公司無法好好生產的產品或服務，將會耗費太多時間與金錢，或者可能提供了讓客戶失望之品質及價格的商品或服務，而引發負面作用。因此，在本身不足的領域，可以吸引具有實力的業者成為互補合作者（complementor），採取策略聯盟的戰略方為上策。

另一方面，在諸如電視或智慧型手機等由於產業生態間的競爭，而形成遊戲規則的產業，則必須超越整體解決方案提供者，成為主導產業生態的平台領導者（platform leadership）才行。諸如 MP3 播放器、智慧型手機、DVD、遊戲機等產品，是本身並沒有什麼價值，必須要有內容相關的互補品，才能夠創造出價值的所謂平台性（platform）商品。最近，電視在智慧型電視出現之後，也快速的轉變成平台性商品。

　　平台性商品具有吸引的客戶越多，在產業生態中的合作者將會開發出更多互補性商品，而提供其價值的特性。此一現象在經濟學稱之為「因為互補品而產生的間接性網絡效果」。從過去在錄放影機的競爭中，技術方面較為優越的 SONY 的 Betamax VCR，在與 VHS VCR 的競爭中敗陣，因而退出市場的案例，就可以了解其是否創造出由互補品而產生的間接性網絡效果。此外，最近在 MP3 播放器市場中曾經居市場領先地位的三星等南韓業者，之所以會輸給蘋果的 iPod 播放器及 iTune 音樂服務的理由，也是因為這種由互補品而產生的間接性網絡效果。特定平台性商品所吸納的消費者越多，就會有越多的外部開發者去開發軟體或內容等互補性商品，其網絡的價值也會日益提升。蘋果接二連三的成功，尤其是智慧型手機領域的成功，便是正確地了解到這種平台性商品的本質，透過與內容提供者的合作，確保了平台領導力，並且藉此創造出網絡效果所致。

　　邁克・庫蘇麥諾（Michael A. Cusumano）及安娜貝拉・加威爾（Annabelle Gawer）在《平台領導力（Platform Leadership）》這本書中指出，成功的平台主導企業是以四項要素為基礎來改變系統。首先，第一個要素是必須具備主導系統的差異化產品技術（product technology）。這意謂著必須具有透過創新的產品技術來製造平台，以支援各種互補資產的能力；第二個要素則

是要明確定義事業範疇（scope of the firm），藉此讓開發內容或應用程式的互補資產業者，相信其事業領域不會受到侵害，並且更進一步強調雙贏的夥伴關係，降低事業的不確定性，使其確信透過與平台主導業者的合作，可以提升其收益。這意謂著要以整個系統的利害為基礎，明確地界定平台及互補資產業者間的角色。最後，還必須具備使外部各種開發互補性資產的業者共同參與及合作的能力，以及負責及促進的組織此兩項條件才行。這與如何吸引開發互補性資產的業者，並且使其更加活躍有關。

決定與提供互補資產之合作業者的關係時，最重要的是確立公平的利益分配原則。若是在產業生態內可以創造出的收益是固定的，那麼當平台業者占有較多利益時，提供互補性商品的合作業者，就只能享有相對較低的利益，萬一平台業者想要占有大部分利益，那麼合作業者們就不會想再與其合作，這將是特定平台要擴大整體市場規模時，最大的障礙因素，因此，平台業者必須同時考慮到擴大整體平台的市場規模，以及確保自身的利益，制定出適當的利益分配原則。

一如前述，蘋果公司將該公司與提供互補資產的應用程式開發商之收益分配比率訂為三比七，讓合作廠商較為有利。藉此，在 iTune 可以很快地取得優質及多樣化的音源，在應用程式商城也可以確保高品質及多元化的應用程式，快速擴大自家平台。而身為後進業者的谷歌（Google）則為了更快速地擴大其應用程式商城——安卓商城（Android Market，現改名為 Google Play）的規模，則將 70％的收益提供給應用程式開發商等互補資產提供者，其餘 30％則提供給經營應用商城的業者。谷歌將安卓商城交由電信運營商經營，也允許諸如亞馬遜（Amazon）這類電子商城的業者經營，採取比蘋果公司更為開放及雙贏的

商業模式，因而可以快速追趕過蘋果。

　　三星等南韓 IT 業者，近年來透過推出 MP3 播放機、無線寬頻網路技術 Wibro（Wireless Broadband）等全球領先的產品，企圖在全球市場掌握標準及確保主導權。但是，至今對於如何將平台商品標準化以主導全球市場，仍然欠缺戰略性思維及對平台領導力之本質的了解，只是一味的強調產品功能，聲稱製造出全球第一、最佳功能及服務，並無法創造出平台領導力。為此，如同蘋果公司的案例所示，正確的掌握產業生態，才是首要之務，以此為基礎，若有必要，即便犧牲自身利益，也要在產業生態內，將更多的利益分享給合作廠商，並提供相關支援。亦即，必須以雙贏為基礎，致力於讓產業生態更為健全。此外，為了在多種標準間所展開的熾烈競爭中勝出，以及成功將新產品由早期消費者市場擴展至大眾市場，也必須要積極地與競爭者合作。若想成為掌握標準及主導平台企業，就不能執著於短期績效主義，或是只顧著自身利益，擺出一副專斷獨行的模樣，而犯下放棄與合作廠商雙贏成長而阻礙健全的產業生態形成的愚蠢錯誤。

　　若是仔細分析三星過往的策略，可以發現在前述的平台領導者的資格與特徵方面，三星仍有許多不足之處。當然，在過去忙著追趕先進業者，處於快速追隨者階段時，想要運用平台領導力簡直是天方夜譚。但是，如今三星在智慧型手機及電視領域，已經是公認的領先者，若想要成為真正的領導者，應該在產業生態層面，積極追求成為平台領導者才行。

　　所幸，三星最近了解到轉型為平台領導者及解決方案提供者的重要性，開始尋求將其智慧型手機及電視事業的策略方向，朝向平台服務領導者轉型。尤其三星近來設立了名為媒體解決中心（Media Solution Center, MSC）的特勤組織，以行動事業

為核心，負責擬定中長期平台服務藍圖及發掘服務商業模式。媒體解決中心是為了因應連結電視、手機、電腦等所謂「多屏（N-Screen）時代」，將三星電子各個事業部門進行結合，聚焦於整合性服務平台策略，為此，最近三星內部亦設立了生態系統整合小組（eco-system integration team）。三星電子內部即具備電視、智慧型手機、電腦等多屏產品組合，其中由於電視及智慧型手機已位居世界第一，因此若能在全公司將各個相關產品別生態體系進行有機連結，將可確保獨一無二的競爭力。

此外，最近媒體解決中心主推的 Tizen 作業系統平台，則是與英特爾等公司共同開發，試圖打破由谷歌的安卓作業系統及蘋果公司的 iOS 作業系統所形成的壁壘，成為第三大平台。我們樂見於三星這種降低對安卓平台的依賴度，企圖以自有作業系統平台來確保平台領導力的作法。但是，從深受網絡效果影響的平台戰爭之本質來看，處於由強大平台所掌握的狀況下，沒有大幅度的創新及破壞性技術而能推翻先進企業的情形，可說是史無前例。

因此，三星若希望以 Tizen 作業平台與谷歌及蘋果公司一較高下，甚至將其培育成為凌駕其上的平台，必須要正確地透析前述平台領導者的本質，好好地構思戰略才行。除了要拉攏開發者或電信營運商，甚至連競爭者也要引進 Tizen 陣營，才有可能成功。為此，三星必須以更開放及訴求雙贏的姿態，果敢地大幅放棄利己主義，使得參與 Tizen 陣營的產業生態鏈中的各種合作廠商所分配到的利益，比蘋果或谷歌所提供的更多。

以過去三星曾經主導數位匯流時代，直屬於 CEO 的特勤組織——數位解決方案中心（DSC）的失敗案例來看，為了媒體解決中心的成功運作，應該要在該組織中凝聚全公司的 CEO 或各事業部門社長的力量。數位解決方案中心過去在擬定及執行

數位匯流策略時，就是因為欠缺各個社長及事業部門的合作，無法產生重大成效而解體。這種消極的合作態度，大多是由於各單位較看重各自事業所負責業務或事業部的短期績效，而非全公司主導（initiative）的合作所導致的結果。因此，為了促成媒體解決中心的成功，讓三星站穩平台領導者的地位，務必要求全公司最高管理層的積極合作。為此，與其將媒體解決中心納於行動通訊事業部之下，不如考慮將其升格為直屬於CEO的組織，賦予更大的權力。

縮小關係企業間的競爭力落差（Gap）及事業結構高值化

三星最近雖然號稱已躋身全球一流企業之列，不過這只局限於以三星電子為主的電子事業群。因此，本書也不得不集中於分析三星電子的成功要素，以及其得以成功的核心能力及經營體系。至於在金融或服務領域，三星固然也算是南韓國內的一流企業，但是離全球一流水準，還有一段落差。尤其是在金融領域，目前由於全球競爭者的出現，三星在南韓國內也面臨相當大的挑戰。

在全球經濟危機之後，三星以電子事業群為主，導入經常性的事業結構調整體制，並建構整個集團的關係企業、事業部之間的競合制度，以謀求事業結構的高值化。但是，由於整個三星集團仍然屬於非關聯性多角化的型態，電子與非電子部門間的競爭力落差，事實上相當鉅大。因此，未來針對集團的事業組合，必須要深思熟慮，並且尋求事業結構的高值化。

為此，三星應該考慮大幅提升相對落後之金融及服務領域的競爭力水準，中長期而言，應該將不具備全球一流競爭力的關係企業或事業部門進行切割，或是出售等方式來進行結構重整。若是選擇前者，則必須基於「一個三星」的約束力，透過

競爭力強的關係企業及競爭力弱的關係企業之自發性合作，尋求可以雙贏的創造綜效方案。例如，以奇異電子的情形而言，在其轉型為整體解決方案提供者的過程中，便是透過製造部門與金融、服務部門的合作，找出可以提升集團整體競爭力及績效的方案。但是，三星必須要避免過去南韓企業集團經常出現的情形，亦即在集團總公司的要求下，讓競爭力強的關係企業單方面的去支援競爭力不足或是陷入經營危機的關係企業，結果導至集團整體競爭力惡化的情形。

轉型為跨國企業

　　最近，躋身為超一流企業之列的全球領導企業們，都試圖由多國企業（Multinational Corporation, MNC）轉型為跨國企業（transnational corporation, TNC）[12]。 所謂多國企業係指以母國及總公司為中心，其資金、人力、技術、資訊等資源，幾乎都是由總公司單方向（one-way）的移轉至海外據點的型態之國際企業。因此在多國企業中，總公司（母國）成為全球競爭力的絕對來源，海外據點則居於從屬地位。相反地，跨國企業雖然其總公司及母國仍然最為重要，但是並非僅限於總公司及母國，而是整個全球網絡本身也能創造出競爭優勢。因此，並非只是由總公司單方向地提供支援給海外據點，也會由能力優越的海外據點將資源移轉至總公司或是其他海外據點，在全球網絡中形成二元（two-way）或多元（multi-way）式的資源轉移型態。

　　進化為跨國企業者，是以全球網絡的最佳據點，重新配置其生產、行銷、客戶服務中心（call center）等各種價值活動，以創造出競爭力，此過程中，甚至會將總公司的一部分功能移往海外。此外，近來跨國企業具有不區分國籍、性別、人種，而在全球網絡中攬才的傾向，甚至連原本往往以母國為中心的

研發部門，也分散至海外，而形成全球研發網絡，此為近來相當明顯的現象。

以三星的情形而言，其電子產品已有80％以上的營收來自海外，其比重正日益升高。目前，三星手機主導著全球各國的高階市場，藉由奧運夥伴計畫（The Olympic Partnership, TOP）等提高國際印象的活動，使其品牌價值提升至全球第八位。然而，儘管具有如此高的全球地位，事實上，三星的全球經營能力相較於其他國際企業，仍然有所不足。尤其在全球經營的在地化水準，或是全球網絡上的技術、人才等核心資源的確保能力方面，雖然相較於過去，已經有著飛躍性的成長，但是比起歐美的全球領導企業，仍處於落後地位。光憑韓國總公司的資源，尤其是韓國的人力資源，事實上是難以進化成為全球超一流企業，如今，三星也必須更積極地在全球網絡中引進（sourcing）人才及技術等主要資源。

為此，首先總公司及韓國員工必須具備更開放及全球化的心態、思維、經營體系及習慣作法。在全球經營上，若是將海外據點或外國員工視為二等公民，而向韓國員工傾斜，那麼將難以擁有海外一流人才，成為深耕當地的企業。未來，三星也應該重視當地國及當地人力，藉由建構更為在地化的全球網絡，進化成為跨國企業。尤其是基於確保超一流技術人才是三星全球核心競爭力這點來考量時，全球研發網絡的擴充及海外研究所的能力及功能強化，都可說是迫在眉睫的課題。

建構共生的商業模式及廣受愛戴的企業形象

處在頂尖地位雖可說是光鮮亮麗，但是分明也會因而受到牽制及鄙視。三星雖然被公認為世界一流企業，但是在南韓國內並非那麼受到喜愛，便是因此之故。三星在產品、服務品質、

人才、技術開發能力等方面，雖然依據理性的判斷可以獲得高分，不過，以情感面而言，其好感度卻不受此影響。然而，進入感性時代，光憑功能的競爭力，將無法具備持續性的成長。

因此，三星若是只停留於目前的「強大企業」地位，處境將相當艱困，必須要創造出重視合作廠商、消費者、當地社會的利益之共生商業模式，蛻變成為受到客戶及社會「愛戴的企業」及「尊敬的企業」才行。尤其目前南韓的經濟民主化、共伴成長、財閥的治理結構改革成為話題之際，三星為了確保社會正當性，在環境、倫理經營、與協力廠商的雙贏合作等各方面，必須要更加努力地成為「受到南韓社會尊敬及愛戴的企業」。為此，三星應該更積極地強化新經營革新曾經追求之員工、協力廠商及客戶的信賴才行。

2）經營系統課題

三星很早就了解到人才的重要性，向來強調人才為先，自推動半導體事業以來之所以能大獲成功，也是因為妥善培育及活用企業內外部核心人才所致。最近，三星更加強調核心人才的重要性，並且加緊引進所謂頂尖的 S 級人才。此一努力是為了在全球確保不分國籍、性別、人種的超一流人才，並且運用於全球網絡之中。在基於員工們的知識及創新所推動的產業，以及一名天才可以養活十萬人的產業之競爭中，可說就是確保核心人才的戰爭。不僅是國內人才，若能以全球所有國家的人才為對象，選拔出天才級人才的話，將能在搶奪人才之戰，甚至更進一步的產業競爭中得勝。這是以全球超一流為目標的三星，必須致力於確保全球超一流人才的理由。

雖然外國人在三星總部擔任要職，或是成為海外法人公司最高管理者的情形依然罕見，但是，未來應該讓當地最優秀的

人才以三星為首選，而非想去最頂尖的本土企業任職。以後，即便是外國人，只要能力卓越，應該要確實提出可以讓其擔任總公司要職，或是主要海外主要據點的最高管理者，甚至出現可以成為總公司的最高執行長的職涯路徑（career path）之實際案例。此外，由於這些努力引進的全球人才可能不太想在韓國工作，因此，海外法人公司的運作方式也必須加以改變。為此，韓國總公司在協調及整合海外法人公司活動的過程中，應該要擺脫過去以當地外派人員為媒介的方式，採取活用正式管道（route）的方式，且必須培養海外法人公司的能力，強化其自律性。

在不同的國家及文化圈中，活用超一流人才，並且拔擢至經營團隊時，可能發生的問題在於三星既有的速度、效率性、一絲不苟的組織力，將有可能因而惡化，必須找出解決此一問題的因應方案。例如，針對能力已獲得肯定的外國人才，務必將其調派至韓國總公司任職，支援其與總公司經營團隊建立人際網絡，也有必要在三星人力開發院推動短期集中教育訓練計畫，思考如何使其成為「三星人」的方法。

提倡容忍多樣性的開放式文化

建構可以讓超一流人才盡情發揮自身能力的組織文化，與確保超一流人才同等重要。但是，在三星強勢的組織文化背後，依然存在著相當程度的血統純正主義與封閉性，因為若不摒棄無法適應組織所追求之文化的人，將無法維持強勢的組織文化。例如，雖然最近的情形已經大幅改善，不過三星所引進的年薪高於關係企業社長的 S 級人才，離開三星的例子仍然不少。這些人因為不熟悉三星文化而難以與其他經營團隊合作，由於無法從既有經營團隊獲得積極支援，也使其未能具備充份發揮能

力的機會。為了妥善運用及保有全球超一流人才，首要之務便是總公司及韓國員工必須具備更開放及國際化的心態、思維、經營體系及習慣作法。

　　組織文化的開放性是為了使組織內部的垂直及水平意見交流更為順暢，因此組織成員們不斷地提出想法（idea）與問題，以提升組織的創意性也很重要。為了提升企業的創新性，在人力及知識基盤等方面也要保障多樣性（diversity），因為當相異性及互補性的知識結合之際，才可能產生創新的想法、知識或技術。但是，不可否認的是，過去三星在人力方面，主要著重於同質性及血統純正主義，而非多樣性。最近，三星雖然積極引進包括外國人在內的外部人才，多樣性的程度已經比過去大幅提升，然而相較於歐美企業，仍屬於相當低的程度。一如前述，為了提升人力及知識基盤的多樣性，其先決條件應該是以負責創造性革新及新事業的右腦思維（left-handed）組織為中心，更進一步提升開放性及尊重個人的傾向。

　　在現有組織落實尊重多樣性及開放性的文化，也變得日益重要。最近，三星的次世代人力、研發人力及女性人力所占的比重逐漸升高，並形成其新主軸人力，但是對於重視個性的新世代人力要求整齊劃一的方式，或是對於重視自律性的研發人才採用僵硬規定的習慣作法依然存在。此外，由於對於在競爭中獲勝者將給予打破慣例的報酬，而引發部門間或員工們的過度競爭也導致疲憊感。對於新世代、研發及女性人力，相較於上述作法，還不如賦予其製作自己的產品，或是對於所負責事情的自負感，更能誘發其更大的工作動機。另一方面，由於尊重新想法的文化，以及可以追求工作與生活均衡的文化也很重要，與其長時間工作，不如在正常的工作時間內，產生相當於目前水準的生產力，這種業務執行方式的革新也有其必要。

當然，在尊重開放性及多樣性之下，三星諸如速度、效率性、一絲不苟的組織力等優點，可能因而惡化，因此，也必須同時強化愛公司的心及團隊合作。

形成創意的組織文化

三星在李健熙會長提倡創造經營之下，開始追求創意文化。但是，至今仍無法說這是三星的支配性文化。為了倡導創意文化，三星必須完成採取水平化及分權化的組織運作，強化以長期績效為依據的激勵比重，容忍失敗的文化推動方案。尤其是負責創造性革新及新事業的右腦思維組織，必須加速倡導創意性的組織文化，而既有組織也必須逐漸地強化創意性的組織文化。

為此，首先必須擺脫以農業社會勤勉性為中心為工作習慣及經營體系，因為在二十一世紀的知識經濟時代，競爭力的根源不是來自於勤奮工作，而是創意性。如同李健熙會長所強調，這是個一個卓越的天才，便可以創造出養活數萬人之附加價值的時代。尤其是目前成為三星核心的四十歲至五十歲的幹部及經營團隊，雖然將公司及工作視為最優先，但是引領三星未來的新世代員工們，對於這種強調勤奮工作的組織文化，經常會產生排斥感。

其次，必須揚棄上意下達式的組織運作方式及操控型的業務推動方式，考慮盡可能活用組織成員的創意想法之經營方式，以及將更多的權限及責任委給下層的分權式組織運作方式，因為若能充分授權及問責，那麼中低階員工將可找出更多樣化的因應方案。此外，遇到產生矛盾的情形時，與其由上位者決策，採取垂直式流程為主的組織運作方式，不如多多活用水平式流程，找出可以滿足兩造當事人的整合性方案，致力於形成組織

各單位間的信賴及支援關係。

第三，必須強化依據長期績效的報酬比重。三星的長期績效獎勵只提供給管理團隊，因此所有員工最關心的是依據短期績效所提供的分紅制度。由於可能獲得相當於個人年薪 50％的分紅獎金，三星電子的事業部主管往往會將此視為凝聚整個部門及組織成員的力量，邁向同一目標的重要武器。但是，問題在於當組織過度以短期利益為導向時，就不會著重於長期才會產生成效的創意性工作。雖然李健熙會長提倡創造經營，但是其方向與激勵制度似乎並未妥善連結。為了加以補強，應該要考慮分紅獎金不要在當年度全部發放，而是在績效產生後的幾年內支付，或是對於一般員工也提供長期績效獎勵的方案。

第四，必須形成容忍失敗的文化。越是創造性革新或新事業，其失敗率越高，因此，形成容忍失敗的文化，也是三星為了成為創新導向型企業，成功發掘出未來新成長動力，必須要解決的一大課題。最近，在創造經營的基礎之下，三星開始著重於創造式革新，並且強調過去所欠缺的「從失敗中學習（learning from failure）」之精神。若是對於失敗嚴苛的追究責任，沒有人會想要付諸挑戰，失敗的過程中所獲得的寶貴知識也會被埋沒，在此氛圍下，將難以達成創造性革新，因為創造性革新多半是從反覆的失敗中產生。最近，三星系統半導體的成功，也是以過去曾在市場上推出但卻失敗的創新技術——阿爾發晶片（ALPHA chip）所累積的技術進行移轉，成為重要的基礎，後來才得以開發完成。藉由開發阿爾發晶片所累積的技術，擔任帶動系統半導體的整體設計、製程技術及信賴度技術升級的火車頭角色。此外，半導體的電荷擷取快閃記憶體（Charge Trap Flash, CTF）技術，也是將其在失敗過程中所確保的技術，運用於實現快閃記憶體的 3D 技術結構，並且發揮相當大的效益。但

是，整體而言，由於員工們畏懼於對失敗的問責，因而在主動挑戰創新方面顯得猶豫不決，等待上司下令的傾向依然十分明顯。因此，三星必須要以右腦思維的組織為中心，大幅擴散從失敗中學習的文化才行。

維持「一個三星」之內部凝聚力

「一個三星」的卓越凝聚力使得三星藉由集團層次的創造綜效，帶動三星的高度成長，如今亦成為其競爭力的主軸之一。但是，全球金融危機加上推動大規模結構重整，以及導入分紅制及績效主義而形成內部競爭的重大改變，還有經常性的雇用核心人才等作法，都形成組織內部凝聚力產生裂痕的徵兆。最近三星所推動的事業多角化、分權化、全球化、人力的多樣化等，都成為弱化「一個三星」意識的主因，尤其是關係企業間的凝聚力，即便是在同一個集團下，事實上，員工們之間的約束力，以及對組織的忠誠度都已日漸淡薄。因此，依靠所有關係企業屬於同一集團的「三星認同感」所形成的集團綜效創造能力，也有可能弱化。

一如前述，三星必須強化人力及組織文化的多樣性及開放性，持續維持各關係企業及主要事業部門的自律性獨立經營體制，以及善意的內部競爭系統才行。但是，這並非意謂著未來三星在維持著集團體制的情形下，必須拋棄身為三星人的歸屬感及凝聚力，因為當集團可以共享相同的組織文化、語言、價值，自發性的彼此合作時，將可藉此創造綜效而強化競爭力。因此，在強化多樣性及開放性之際，必須基於集團共同的組織文化，同時追求凝聚力，這將是三星模式未來的重要課題。

尤其是面臨一如前述的課題，雖然目前三星維持著經常性的事業結構重整體制，也應該維持集團凝聚力，採取二元化的

立場。然而，近來在強化企業治理結構及企業集團規範之下，形成各關係企業維持獨立經營體制的狀態，因此，以未來戰略室為中心的管理方法，面臨許多制約條件。此外，以正式進入全球化經營的立場來看，這種管理模式的確有其限制所在，因為終究必須以不同人種及文化的員工們為對象來維持凝聚力才行。未來的一個三星，不應是基於血統純正主義的共同體意識，而是進化為基於人類普世價值的認同意識，促使共享品牌的企業群，採取自律性合作的方向，朝著「同一個方向」前進才行。

3. 三星模式應持續進化

進入二〇〇〇年代以來，三星雖然創造出全球最高水準的經營績效，但是邁向全球超一流企業之路依然佈滿荊棘。最大的問題在於三星必須避免陷入「世界第一主義」的陷阱。所謂世界第一主義的陷阱是指在績效卓越之際所產生的自負感，以及即便不是全球一流，卻自認為世界第一的錯覺。目前三星具有陷入這兩大陷阱的危險，而李健熙會長也屢次對此提出警告。

"今日，我們所達成的一切，部分可說是因為我們的實力，但是大部分都是因為領先企業掉以輕心，以及相當程度的運氣，還有前輩們的犧牲精神所致。"

事實上，三星的電子、金融、服務等主力事業的任何一個部門，至今都還未達到足以安於現狀的情形。電子部門為了成為全球超一流企業，尚需面對前述的難題；金融及服務部門充其量只是在南韓國內具有領先地位，而且國內市場目前也正面

臨著全球競爭者的強烈挑戰。因此，最近李健熙會長一有機會就提出「十年後，三星排名全球第一的產品都可能會消失」的警告。

在日益加速的二十一世紀全球競爭之中，所謂的落伍並非是退回原本南韓國內第一的位置，而是指在此一時點，三星若是無法前進，將會倒退至更不如以往的地位。若是無法正視此一現實，眼前的機會任何時候都有可能變成危機。

若是三星目前所獲得的卓越經營績效，未來也可以持續下去，那麼三星式經營的獨創性，便具備獲得認可的依據。但是，未來三星應該前進的途徑，並非模仿或學習之路。過去，三星追隨著領先企業腳步前行便已足夠，但是如今若要轉型為全球超一流企業，情況便大不相同。

> "如同職業級的登山家在攀登像聖母峰這種高山時，一定要克服高山症，經歷過喘不過氣及流鼻血的痛苦一般，全球一流的地位，便是如此艱難之路。"
> ——李健熙

如今，三星必須走出自己的路，不是模仿，而是透過創造來尋找獨特的路徑向前邁進。不只將會花費更多力氣，一不小心也可能遭遇暗藏的危險。未來三星必須迎戰的競爭者都是全球超一流水準的企業，三星唯有超越他們，其主體性才可以獲得認同，並達成新經營革新所追求的全球超一流企業之願景。

在典範轉移更甚於以往的頻繁，更具有破壞力的情況之下，三星必須持續發展主導此變化，至少是快速因應的策略靈活性（strategic agility）能力。為此，三星應該以最高經營者的戰略性洞察力、強勢領導力及經營體系為基礎，結合其執行力才行。截至目前為止，三星都是在具備變革願景及洞察力的統御能力，

以及強烈領袖風範（charisma）的李健熙之領導下，使得轉換為數位技術等典範轉移的變化時機，成為其躍升的轉機，而站穩全球一流企業的地位。但是，為了更進一步躋身為全球超一流企業，在李健熙會長退休之後，三星為了持續發展，對於新一代公司治理結構及經營體系，必須要更加深思熟慮及妥善準備才行。

在此過程中，三星應該將截至目前為止帶動三星成功的矛盾經營進一步升級，尤其是為了成為全球超一流企業，必須以創造式革新為基礎，發掘新成長動力，成為開拓新市場及新產業的跨國企業。在追求此目標的過程中，三星內部所應該容納員工之人種、宗教、文化的多元性，以及對此之開放性等等，可能會對曾經相當有助於形成三星核心成功要素的速度及效率造成妨礙。因此三星必須具備足以克服創造式革新、多元化、全球化與效率性、速度間互相抵換（trade-off）之另一個層次的矛盾經營。

4. 三星模式對台灣企業之啟示

對於全球所有的企業，尤其是身為追擊者的台灣企業，謹將三星在新經營革新之後的輝煌發展及可以從三星模式學到的主要啟示整理如下：

首先，三星躍升為超一流企業的過程中，因應競爭典範轉移的策略敏捷性，是相當重要的關鍵。曾經是後進追擊者的三星，掌握住電子產業的典範由類比技術轉換為數位技術的時機，因而得以變身為國際級企業。而在類比時代主導電子產業的日本 SONY 公司，則因陶醉在既有成就之中，而且過度擔憂轉換

至數位技術時，將侵蝕到自己原有市場，因此無法快速轉型為生產數位電子產品的企業，而在電視市場落敗於三星。在電子產業中，SONY 與三星間的地位急劇變化，便是導因於產業主要典範的轉移，提供給諸如三星這類追擊者，一個追趕上既有產業領導者的黃金時機，而對於陷入成功的陷阱，害怕蠶食了自我市場的現有產業領導者而言，則成為非常嚴峻的危機，這是個相當實際的案例。三星雖然原本是後進企業，但是妥善掌握了產業典範轉移的時機，因而成功追趕上先進業者，進而成為領導企業的例子，對於處於追擊者地位的台灣或是中國大陸企業而言，具有相當大的啟示作用。

三星的營運實績，在蘋果主導的智慧型手機革新中，再度提升至另一個層次。在蘋果嚴重威脅到三星的無線電話市場之際，三星才轉進智慧型手機市場。但是，三星以彈性化的策略為基礎，快速加以因應，因而在進入該市場四年後的二〇一三年，以 32% 的全球市場占有率，超越蘋果的 15%，成為市場領導者。過去二十年間，三星令人矚目的成功，便是在典範轉移時，以企業的戰略性預知能力為基礎，建構出提升策略彈性，以及快速而有伸縮性的經營體系所致。

其次，在現今這般超競爭時代中，想要成為超一流企業的公司，必須同時追求全球層次的規模經濟及速度、差異化及低成本策略、創新性與效率性等乍看之下互相衝突的目標，採取所謂的矛盾經營。針對三星的矛盾經營，由於本書已進行詳盡描述，在此不追加說明。三星藉由矛盾經營躋身成為全球一流企業，若其他企業能仔細研究並加以借鏡，將可得知在現今這種超競爭、不確定的全球經濟環境中，如何採取矛盾經營以創造出多元競爭優勢的根源。

第三，三星透過矛盾經營所獲得的成功，得力於建構二元

化組織及長期投資核心人才及無形資產，此點相當重要。三星積極借鏡諸如美國 GE 及日本 TOYOTA 等全球一流企業，並修正成為切合三星特有文化，而加以活用。此外，三星也非常積極的確保具備全球視野的核心人才。例如，自一九九〇年起，三星便開始實施地域專家制度，每年挑選年輕人才至海外研習一年，以學習當地的語言、文化、經營管理模式，至今已培育了五千名地域專家。這些人才在三星轉型過程中，擔任全球成長主導者及變化先驅者的角色。尤其是在三星新經營革新之後，三星為了強化原本在研發、品牌行銷、設計等無形資產方的劣勢，採取了大規模投資，使其得以躍升成為具備軟實力的超一流企業。

此項長期投資，得力於具有長期願景的家族企業主。為了創造出競爭優勢，並加以維持，如何在長期策略投資與短期成果導向間取得平衡，是十分重要的課題。李健熙這位具有長期眼光的家族企業主，與具有短期成果導向能力的專業經理人之間的協調，在引領三星走向成功之道的過程中，扮演著十分重要的角色。

並非全球所有的企業都具有這種擁有長遠眼光的家族企業主，只由專業經理人組成的企業也相當多。一九九〇年代以後，隨著股東權益極大化法則在全球散播開來，短期成果的壓力更為高漲。因此，全球漸漸有更多的企業，尤其是由專業經理人主導的上市公司，鮮少像三星這般以長期觀點進行革新或是投資於軟實力，而是朝著更在乎短期成果的方向前進。尤其是 CEO 的任期越短或是不穩定的企業，這種傾向更為嚴重。因此，為了確保長期競爭力，必須維持及強化對於核心人才及學習型組織的投資，在專業經理人體制下，也必須建立能夠進行長期投資的公司治理結構。最具代表性的案例便是美國 GE，該

公司經過徹底的驗證及妥善建立的經營權繼承過程而選出 CEO 之後，原則上保障其十年任期，並且得連任一次，使其可以用長期觀點進行投資、創新及變革管理。

目前全球有許多企業都讚嘆著三星的驚人成果，而且想要學習三星。尤其是在新興市場快速成長的業者們，均十分渴望借鏡這個二、三十年前也同樣屬於新興市場的後進業者，如今卻一躍成為全球一流企業的三星。希望這本書對於所有企業及經營者而言，能夠成為一本有用的指南。

註釋

PART 1
CHAPTER 1

1. Liker, J. 2003. The Toyota Way: 14 management principles from the world's greatest manufacturer. McGraw Hill.

2. Porter, M. 1985. Competitive advantage: Creating and sustaining superior performance. Free Press.

3. 有關矛盾（Paradox）管理的代表性經營學論文如下。

   Smith, W. & Lewis, M. 2011. "Toward a theory of paradox: A dynamic equilibrium model of organizing." Academy of Management Journal, 36: 381–403.

   Lewis, M. 2000. "Paradox: Toward a more comprehensive guide." Academy of Management Review, 25: 760–776. O'Reilly, C. & Tushman, M. 2004. "The ambidextrous organization." Harvard Business Review, 82: 74–81. Birkinshaw, J. & Gibson, C. 2004. "Building ambidexterity into an organization." MIT Sloan Management Review, 45: 47–55.

4. 這部分往往又稱為 X 非效率（X–ineffiency）. 針對 X 非效率的詳細說明，請參考 Markides, C. 1995. Diversification, Refocusing, and Economic Performance. The MIT Press.

5. 自 Rumelt 發表的先驅研究（Rumelt, R. 1974. Strategy, structure, and economic performance. Harvard University Press）以來，國內外已有許多實證研究，國外的研究中，Barney, J. 2010. Gaining and Sustaining Competitive Advantage（4th ed.）. Prentice Hall 整理得相當好。

6. 這部分係參考 Ouchi（1980）, Abegglen & Stalk（1985）, Aoki & Dore（1988）, Milgrom & Roberts（1994）. Ouchi, W. 1980. Theory Z: How American business can meet the Japanese challenge. Avon Books. Abegglen, J. & Stalk, G. 1985. Kaisha: The Japanese Corporation. Basic Books. Aoki, M. & Dore, R. 1988. The Japanese firm: The sources of compe titive strength. Oxford University Press. Milgrom, P. & Roberts, J. 1994. "Complementarities and systems: Understanding Japanese economic organization." Estudios Economicos, 9: 3–42.

PART 2 前言

1. 參考 Miles, R. E. & Snow, C. C. 1978. Organizational Strategy, Structure, and Process. McGraw–Hill. Miles, R. E. & Snow, C. C. 1994. Fit, Failure & the Hall of Fame. Free Press.

2. Hrebiniak, L. G. & Joyce, W. F. 1984. Implementing Strategy. Macmillan.

3. Galbraith, J. R. 1995. Designing Organizations. Jossey–Bass.

CHAPTER 3

1. 一九八七年就任會長時，李健熙會長曾說過：「三星集團不是應該獲利達一兆韓圜、員工薪資成長兩倍嗎？」當時三星的獲利不過二千億韓圜，一兆韓圜並非輕易可以想像的數字。然而，三星在李會長任職屆滿六年的一九九四年，就達成目標，成為南韓第一個獲利破兆的企業。

CHAPTER 4

1. Arthur, W. B. 1996. "Increasing returns and the new world of business." Harvard Business Review, 74（4）：100-109.

2. 尹鍾龍 . 2004.《邁向超一流之思維》（韓）. pp. 164–165.

3. 三星電子池完求副社長訪談記錄

4. 《三星六十年史》, p. 190.

5. 《三星六十年史》, p. 185.

PART 3 前言

1. 展開多元化事業的三星，針對每一個事業，都會定義其特性，例如半導體事業是時間產業及良心產業，鐘錶業是時尚產業、家電是量產組裝業、飯店是裝飾業及不動產業等。

2. Barney, J. R. 2010. Gaining and Sustaining Competitive Advantage（4th ed.）. Prentice Hall.

3. 針對因應快速變化環境的敏捷策略之重要性及概念，參考 Doz, Y. 2008. Fast Strategy: How Strategic Agility Will Help You Stay Ahead of The Game. Pearson Prentice Hall.

4. 關於動態能力觀點，請參考 Teece, D. J., Pisano, G. & Shuen, A. 1997. "Dynamic capabilities and strategic management." Strategic Management Journal, 18: 509–533 及 Teece, D. 2007. "Explicating dynamic capabilities: The nature and microfoundations of（sustainable）enterprise performance." Strategic Management Journal, 28: 1319–1350.

5. 針對動態能力的感知（sensing）階段之詳細論述，請參考 Teece, D. 2007. "Explicating dynamic capabilities: The nature and microfoundations of（sustainable）enterprise performance." Strategic Management Journal, 28: 1319–1350。針對吸收能力（absorptive capacity）的概念，請參考 Cohen, W. & Levinthal, D. 1990. "Absorptive capacity: A new perspective on learning and innovation". Administrative Science Quarterly, 35（1）: 128–152.

6. 針對這種成功企業的成功陷阱乃至結構的慣性，請參考 Leonard–Barton, D. 1992. "Core capabilities and core rigidities: A paradox in managing new product development." Strategic Management Journal, 13: 111–125. 針 對 由於這種結構的慣性，導致無法快速感知到破壞性創新而沒落的現象，請參考 Christensen, C. M. 1998. The Innovator's Dilemma: When New Technologies Cause Great Firms to Fail. Harvard Business School Press.

7. Teece 在此一脈絡中，指出動態能力的第二個層次——機會捕捉能力（Seizing opportunities）。請 參 考 Teece, D. 2007. "Explicating dynamic capabilities: The nature and microfoundations of（sustainable）enterprise performance." Strategic Management Journal, 28: 1319–1350.

8. Teece（2007）將與外部環境的動態適合性，以 evolutionary fitness 來表現，針對內部環境系統與策略間的適合性，則以 technical fitness 來表現.

CHAPTER 5

1. Gates, B. 1999. Business @ the Speed of Thought–Using a Digital Nervous System. Warner Books.

2. Caircross, F. 1997. The Death of Distance. Harvard Business School Press.

3. D'Aveni, R. A. & Gunther, R. E. 1994. Hypercompetition. Free Press. 針 對 最新研究的整理，請參考 D'Aveni, R. A., Dagnino, G. B., & Smith, K. G. 2010. "The age of temporary advantage." Strategic Management Journal, 31（13）: 1371–1548.

4. Bourgeois, L. J. & Eisenhardt, K. M. 1988. "Strategic decision making process

in high velocity environments: Four cases in the microcomputer industry." Management Science, 34: 816–835; Eisenhardt, K. M. 1989. "Making fast strategic decisions in high velocity environments." Academy of Management Journal, 32: 543–576; Judge, W. Q. & Miller, A. 1991. "Antecedents and outcomes of decision speed in different environmental contexts", Academy of Management Journal, 34: 449–463.

5. Clark, K. 1989. "Project scope and project performance: The effect of parts strategy and supplier involvement on product development." Management Science, 35: 1247-1264.

6. 學習曲線效應係指伴隨著產能擴大,由於作業人員或組織的經驗累積,使得熟練度提升,業務熟稔度增加等效能提升效應。若是發生學習曲線效應,便可減少為了生產相同產量所投入的勞工數。

網絡效應係指隨著採用同一商品或服務的客戶數增加,之後購買同一商品或服務的客戶效益將增大的效應。若是發生了強大的網絡效應,則形成贏者通吃現象的可能性將變高。針對先占效果之來源的詳細說明,請參考 Liberman, M. B. & Montgomery, D. B. 1988. "First mover advantage." Strategic Management Journal, 9(S1):441-458; Zhu, F. & Iansiti, M. 2012. "Entry into platform–based markets." Strategic Management Journal, 33: 88-106; Ethiraj, S. K. & Zhu, D. H. 2008. "Performance effects of imitative entry." Strategic Management Journal, 29: 797-817 等.

7. 2010 年南韓企業面對著全球過度競爭、轉移至數位及知識經濟,以及不確定性的增大等典範變化,詳細說明請參考宋在鎔於 2011 年所著《智慧經營》,21 世紀圖書出版。

8. Stalk, G. 1998. "Time–The next source of competitive advantage." Harvard Business Review, 66(4):41–45.

9. Eisenhardt, K. M. 1990. "Speed and strategic choice: How managers accelerate decision making." California Management Review, 32(3):39-54; Judge, W. Q. & Miller, A. 1991. "Antecedents and outcomes of decision speed in different environmental contexts." Academy of Management Journal, 34: 449–463; Baum, J. R. & Wally, S. 2003. "Strategic decision speed and firm performance." Strategic Management Journal, 24: 1107–1129.

10. 《鑽石周刊》(韓)2002 年 2 月 23 日

11. 家族企業主比專業經理人具有長期眼光,對於研發等中長期投資較為積極,針對此點已有許多學術研究成果,具代表性者包括 Anderson, R. C. & Reeb, D. M. 2003. "Founding–family ownership and firm performance: Evidence from the S&P 500." The Journal of Finance, 58: 1301–1328; Kim, H., Kim, H. & Lee, P. M. 2008. "Ownership structure and the relationship between financial slack and R&D investments: Evidence from Korean firms." Organization Science, 19: 404–418.

12. Wally, S. & Baum, J. R. 1994. "Personal and structural determinants of the

pace of strategic decision making." Academy of Management Journal, 37: 932–956.

13. 器興鄰近首爾，容易吸引優秀人才，擁有豐沛的工業用水、空氣清淨，沒有噪音或振動。而且進口原料及出口終端產品都很方便，地價也相對低廉。

14. 製程的流程整合（Process Integration）。

15. 二〇〇三年李健熙會長指示將原訂設立在距離首爾兩小時車程的溫陽市的第十三條半導體生產線取消，改至器興設廠。當初三星計畫在溫陽設立第十三條半導體生產線，主要是因為器興已經沒有多餘的設廠腹地，但是李會長堅持要在器興設廠，於是三星決定活用原本在器興的停車廠，設立了第十三條半導體生產線。這是因為李會長深知生產線集中將會取得莫大的利益。

CHAPTER 6

1. 摘錄引用自 Business Week. "How Samsung became the world's No. 1 smartphone maker." 2013. 3. 28 之新聞報導。

2. 摘錄引用自 Forbes. "Samsung's secret to innovating: An extraordinary grip on components." 2013. 3. 20. 之新聞報導，以及《聯合新聞》（韓）的「三星行動通訊成功祕訣歸因於自行生產核心零組件」. 2013. 3. 21 之新聞報導。

3. 垂直性分工乃至垂直性整合是指一個企業在主要活動所連結的價值鏈中，同時擁有彼此相關的多項活動，並在公司內部運作之意。例如，一家公司同時生產終端產品及所需的相關零組件及材料，即是所謂傳統的垂直性分工。詳細內容請參考宋在鎔於 2011 年所著《智慧經營》（21世紀圖書出版）之〈綜效是金杯毒酒？〉或 Barney, J. 2010. Gaining and sustaining competitive advantage（4th ed.）. Prentice Hall。

4. 有關綜效之概念的詳細說明參考宋在鎔於 2011 年所著《智慧經營》（21世紀圖書出版）之〈綜效是金杯毒酒？〉或 Cornelis A. De Kluyver, John A. Pearce II（宋在鎔等譯）. 2007，《所謂戰略是什麼？》. 3 mecca.com .

5. Kanter, R. M. 1989. When giants learn to dance. Simon & Schuster.

6. 有關創造綜效的複合型企業，更多的文獻請參考 Goold, M. & Campbell, A. 1998. "Desperately seeking synergy." Harvard Business Review. 76: 131–143; Sirower, M. 2000. The synergy trap: How companies lose the acquisition game. Simon & Schuster; Rawley, E. 2010. "Diversification, coordination costs, and organizational rigidity: Evidence from microdata." Strategic Management Journal, 31: 873–891。

7. 關聯型多角化等區分多角化類型，並進行經濟性成果關聯性的實證分析，自 Rumelt 的先驅研究（Rumelt, R. 1974. Strategy, structure, and economic performance. Harvard University Press）以來，國內外有許多實證研究，國外的研究中 Markides, C. 1995. Diversification, refocusing, and economic performance. The MIT Press 及 Barney, J. 2010. Gaining and sustaining competitive advantage（4th ed.）. Prentice Hall 有妥善的整理。

8. 針對這種數位匯流發展階段的詳細說明，參考三星電子出版（2010）《三星電子 40 年：挑戰與創造的歷史》，p. 289。

9. 參考三星電子出版，2010，《三星電子 40 年：挑戰與創造的歷史》，p. 291–292。

10. Khanna, T. & Palepu, K. 1997. "Why focused strategies may be wrong for emerging markets." Harvard Business Review, 75（4）: 3–10.

11. 針對開發中國家的企業集團所具備的正向功能研究，參考 Leff, N. H. 1978. "Industrial organization and entrepreneurship in the developing countries: The economic groups." Economic Development and Cultural Change, 26: 661–675; Khanna, T. & Palepu, K. 1997. "Why focused strategies may be wrong for emerging markets." Harvard Business Review, 75（4）: 3–10; Khanna, T. & Rivkin, J. 2001. "Estimating the performance effects of business groups in emerging markets." Strategic Management Journal, 22: 45–74 等，在南韓經濟發展過程中，針對企業集團的外部市場補強角色，請參考趙東成著《韓國財閥研究》（1990）、每日經濟新聞社出版。

12. Goold, M., Campbell, A., & Alexander, M. 1994. Corporate–level strategy: Creating value in the multibusiness company. John Wiley & Sons.

13. 綜效的定義及根源等，有關企業策略（corporate strategy）的參考文獻包括 Ansoff, H. I. 1969. Business Strategy. Penguin Books; Goold, M., Campbell, A., & Alexander, M. 1994. Corporate–level strategy: Creating value in the multibusiness company. John Wiley & Sons; Kaplan, R. & Norton, D. 2001. The strategy–focused organization: How balanced scorecard companies thrive in the new business environment. Harvard Business School Press; Goold, M. & Campbell, A. 1998. "Desperately seeking synergy", Harvard Business Review, 76（5）:131–143 等。

14. 這種垂直整合化的節約成本效果，並非無條件出現，若是不考慮品質及價格，養成無條件採購關係企業產品的依賴性的話，反而可能因為關係企業間的內部交易，而導致成本上揚。三星為了打破這種依賴性，使得垂直整合的正面功能最大化，建立了在 PART4 所詳述的競爭式合作系統。

15. 針對交易費用經濟學及機會主義，在 Williamson, O. 1975. Markets and hierarchies: Analysis and antitrust implications. The Free Press; Williamson, O. 1985. The economic institutions of capitalism. The Free Press 中，有詳細敘

述。

16. Levine, T. 2001. "The Walt Disney Company: The entertainment king." Harvard Business School case # 9–701–035.

17. 聚集經濟（agglomeration economies）主要是確保具有專門知識的熟練勞工、工程師、知識擴散（knowledge spillover）等，針對聚集經濟的論述的論述，在 Krugman, P. 1991. Geography and trade. The MIT Press; Malecki, E. 1997. Technology & economic development（2nd ed.）. Addison Wesley Longman; Porter, M. 1998. On competition. Harvard Business School Press（韓文譯本《麥可波特的競爭論》世宗研究院出版）等書中，有詳細的整理。

CHAPTER 7

1. 在 21 世紀全球知識基盤經濟中，針對創新的重要性，請參考宋在鎔於 2011 年所著《智慧經營》（21 世紀圖書出版），及 Teece, D. 1998. "Capturing value from knowledge assets: The new economy, markets for know–how, and intangible assets." California Management Review, 40（3）: 55–79.

2. 有關漸進式創新（incremental innovation）及激進式創新（radical innovation）的概念，請參考 Leifer, R., McDermott, C., O'Connor, G., Peters, L., Rice, M. & Veryzer, R. 2000. Radical Innovation. Harvard Business School Press。有關聯續性（continuous innovation）及不連續性創新（discontinuous innovation）的概念，請參考 Robertson, T. S. 1967. "The process of innovation and the diffusion of innovation." Journal of Marketing, 31:14–19 及 Tushman, M. L. & Anderson, P. 1986. "Technological discontinuities and organizational environments." Administrative Science Quarterly, 31: 439–465。有關活用式創新（exploitative innovation）及探索式創新（exploratory innovation）的概念，請參考 Benner, M. & Tushman, M. 2002. "Process management and technological innovation: A longitudinal study of the photography and paint industries." Administrative Science Quarterly, 47: 676–707。有關維持性創新（sustaining innovation）及破壞性創新（disruptive innovation）的概念，請參考 Christensen, C. M. 1997. The Innovator's Dilemma: When New Technologies Cause Great Firms to Fail. Harvard Business School Press.

3. 引用自《Digital Times》2013 年 3 月 12 日出刊的「行動 AP 『三星—Qualcomm』兩強時代」的新聞報導所出現的美國市場研究機構 Strategy Analytics（SA）的調查結果。

4. Lee, P. M. & O'Neill, H. M. 2003. "Ownership structures and R&D

investments of U.S. and Japanese firms: Agency and stewardship perspectives." Academy of Management Journal, 46: 212–225.

5. 有關南韓家族企業主之長期性向及積極的研發投資的相關研究，請參考 Kim, H., Kim, H. and Lee, P. M. 2008. "Ownership structure and the relationship between financial slack and R&D investments: Evidence from Korean firms." Organization Science, 19: 404–418。國外的主要研究結果，請參考 Baysinger, B. D., Kosnik, T. D. & Turk, T. A. 1991. "Effects of board and ownership structure on corporate R&D strategy." Academy of Management Journal, 34, 205–214; Hoskisson, R. E., Hitt, M. A. & Hill, C. W. L. "Managerial incentives and investment in R&D in large multiproduct firms." Organization Science, 4: 325–341; Tushman, M., Anderson, P. & O「Reilly, C. 1997. "Technology, innovation streams, and ambidextrous organizations: Organization renewal through innovation streams and strategic change." Managing strategic innovation and change. Oxford University Press, 3–23.

6. 權純旴等著《SERI 展望 2012》（2011），三星經濟研究所。

7. 自二〇〇五年起，三星電子宣布在中長期方面，將技術策略、研究開發，以及經營戰策連結的專利經營策略。二〇〇六年設立南韓首位專利最高執行長（Chief Patent Officer）職務，強化策略性的因應專利議題的體系。

8. STEPI（Science and Technology Policy Institute）. 2002. Case study on Technological Innovation of Korean Firms. STEPI.

9. 針對價值創新，請參考金偉燦、莫伯尼（R. Mauborgne）所著《藍海策略》（2005，教保文庫出版〔韓〕）。

10. 針對認知、吸收及消化外部知識的力量——「吸收能力」的概念，請參考 Cohen, W. & Levinthal, D. 1990. "Absorptive capacity: A new perspective on learning and innovation". Administrative Science Quarterly, 35: 128–152; Zahra, S. & George, G. 2002. "Absorptive capacity: A review, reconceptualization, and extension." Academy of Management Review, 27: 185–203.

11. 針對開放式創新的概念及案例，請參考亨利·伽斯柏（Henry Chesbrough）所著《開放式創新》（2009），銀杏木出版，或宋在鎔所著《智慧經營》（2011）之〈想在創造經營中成功的話？〉21 世紀圖書出版。相關學術論文請參考 Chesbrough, H. 2003. "The logic of open innovation: Managing intellectual property." California Management Review, 45（3）: 33–58.

12. 《Financial News》. 2013 年 1 月 31 日，「只有三星電子的 S-Pen 行嗎？」

13. 《中央日報》，2013 年 3 月 6 日，三星電子「二〇一三同伴成長日」。

14. 一九六五年英特爾的創辦人摩爾（Gordon Moore）主張「晶片的電晶體數目每十八個月會增加兩倍」。

PART 4

CHAPTER 8

1. 針對此一原則，詳細說明請參考宋在鎔於 2011 年所著《智慧經營》之〈綜效是金杯毒酒？〉，21 世紀圖書出版。

2. 不與最高經營管理階層採取近親經營的業者締結合作關係，也是三星長久以來的不成文規定。這是為了公平採購，揣測出最高管理層意志的部分。

3. 針對內部競爭的優缺點及角色，請參考 Birkinshaw, J. 2001. "Strategies for managing internal competition." California Management Review, 44（1）：21–38.

4. Khanna, T., Song, J. & Lee, K. 2011. "The paradox of Samsung's rise." Harvard Business Review, 89（7–8）：142–147.

5. 三星所採取的日式管理與美式管理的調合，更詳細的內容請參考 Khanna, T., Song, J. & Lee, K. 2011. "The paradox of Samsung's rise." Harvard Business Review, 89（7–8）：142–147.

6. Porter, M. 1996. "What is strategy?" Harvard Business Review, 74（6）：61–78.

7. Abrahamson, E. 1991. "Management fads and fashion: The diffusion and rejection of innovation." Academy of Management Review, 16: 586–612.

CHAPTER 9

1. Miles, R. & Snow, C. 1992. "Environmental fit vs. internal fit." Organization Science, 3: 159–178; Miles, R. & Snow, C. 1994. Fit, failure & the Hall of Fame. Free Press.

2. Nadler, D. & Tushman, M. 1988. Strategic organizational design: Concepts, tools, and processes. Scott Foreman and Company.

3. Foster, R. & Kaplin, S. 2001. Creative destruction. McKinsey & Co.

4. 最近，三星電子選出躍升成為全球超一流企業的條件，包括創新產品、快速（fast mover）、最卓越的成本競爭力、最短流程、全球客戶吸引力、動態性組織等，為了滿足這些條件，該公司正在推動產品、技術、行銷、成本、全球經營、組織文化層面的革新。三星電子也選出了七大構成超一流企業的要素如下：

—擁有夢想、願景及目標。
—具備洞察力及分辨力。
—持續不斷的變革及創新。
—具有創意及挑戰性。
—重視技術及情報。
—擁有效率及速度。
—具備信賴感。

5. 1990 年代後期企管類最暢銷的書籍——Built To Last（譯名：《基業長青》）中，作者吉姆・柯林斯（Jim Collins）和傑里・波拉斯（Jerry Porras）將全球超一流企業定義為 Visionary company，並強調這類企業的 CEO 不是「time teller」而應該成為「clock builder」。「clock builder」正是意謂著建構永續的經營體系。

6. Christensen, C. M. & Rosenbloom, R. 1995. "Explaining the attacker's advantage: Technological paradigms, organizational dynamics, and the value network." Research Policy, 24: 233–247.

7. Nelson, R. R. & Winter, S. G. 1982. An Evolutionary Theory of Economic Change. Harvard University Press; Stringer, R. 2000. "How to manage radical innovation." California Management Review, 42（4）: 70–88.

8. Tushman, M. & O「Reilly, C. 2004. "Ambidextrous organization: Managing evolutionary and revolutionary change." California Management Review, 38（4）: 8–30; Gilbert, C. & Bower, J. 2002. "Disruptive change: When trying harder is part of the problem." Harvard Business Review, 80（5）: 94–101.

9. 有關為了創造性的革新而建構二元性的架構，參考宋在鎔於 2011 年所著《智慧經營》之〈要成功進行創造經營的話？〉，21 世紀圖書出版。有關探索性研究（exploration）及活用性研究（exploitation）的平衡性，請參考下列學術論文：March, J. 1991. "Exploration and exploitation in organizational learning." Organization Science, 2: 71–87. 有關二元性組織（ambidextrous organization），請參考下列學術論文：He, Z. & Wong, P. 2004. "Exploration vs. exploitation: An empirical test of the ambidexterity hypothesis." Organization Science, 15: 481–494; Andriopoulos, C., & Lewis, M. W. 2009. "Exploitation–exploration tensions and organizational ambidexterity: Managing paradoxes of innovation." Organization Science, 20: 696–717; Fang, C., Lee, J., Schilling, M. 2010. "Balancing exploration and exploitation through structural design: The isolation of subgroups and organizational learning." Organization Science, 21: 625–642.

10. 《韓國經濟》，2012 年 12 月 14 日，「『深入敵營……三星』矽谷上陸作戰」。

11. 尹鍾龍所著《進入超一流的思維》（2004），三星電子公司內部資料。

12. Bartlett, C. & Ghoshal, S. 1999. Managing Across Borders: The Transnational Solution（2nd Ed.）. Harvard Business School Press.

三星成功的關鍵

文◎湯明哲（麻省理工學院企管博士，台大國際企業系教授）

　　任何公司成功以後，就有無數人希望了解該公司成功的祕密，然後透過模仿也達到成功的目的，因此解釋該公司如何成功的書也應運而生，坊間可以發現《McKinsey way》、《Goldman Sachs way》、《Walmart way》、《HP way》、《Dell way》……等等書籍。三星的成功也不例外，但大多數的書都是瞎子摸象，找到成功公司做過而其他公司沒做過的事，就隨便創造因果關係，認為這些就是成功的要素，再不然就是蜻蜓點水，舉幾個例子就說該公司成功的方程式是如何如何，毫無學理基礎。通常的成功因素不外乎領導英明、團隊優良……等等常識性的因素，大多數是「口號管理」。但本書不一樣！作者深入觀察三星的運作，提出全面性，而不是片面式，對於三星成功的詮釋。而且不時將三星的做法和學術理論做驗證。的確是難得的好書。

　　綜合而言，三星的成功在於首先建立半導體和液晶面板的領導地位，再前向垂直整合，生產手機和數位電視，由於零件的競爭力，手機和電視也占先取得領導地位。然後一點突破，全面帶進其他零件生產製造，形成獨特的垂直整合企業。所以三星成功的關鍵在如何使落後美日四年的半導體業成為世界頂尖公司？個人的看法是，三星選擇進入資本密集又有週期循環的產業，DRAM和液晶螢幕產業都是週期性的產業，景氣低迷時，美日大廠為了保障穩定的利潤率，通常會先砍研發成本，降低資本支出，但這正是三星的良機。三星趁著其他大廠降低

投資的時候，反而加碼投資，拉近和歐美日大廠的技術差距，每一次景氣循環就拉近一點距離，也許是半個世代的技術，經過幾次景氣循環，三星不但追平對手的技術，還能超越領先對手。若非有決心有野心有識見的 CEO，是做不到的。

　　所以三星的野心就是要世界第一，也在全球挖掘世界級的人才，人才和技術就是三星成功最重要的因素。但要人才拚命做事，發揮所長，三星有極其嚴格的績效衡量制度，所有人，除了社長以外，聘雇合約一年一簽，績效好，獎金高於同業，但績效不好，不論原因，砍頭走人。

　　三星成功的模式好像只有半導體、液晶螢幕支持的手機和電視，在其他如家電業，三星還到不了世界第一的地步。但從四十年前開發中國家三流企業到現在的世界電子龍頭，其中的策略、組織、經營哲學的轉變，值得台灣廠商仔細學習。

【來自台灣學者的肯定】

師法可敬的對手，使自己成為可敬的對手！
—— 胡均立（國立交通大學管理學院副院長）

我們必須知己知彼，才能重整軍鼓，本書正是最好的教戰手冊。三星自
2005 年打敗 SONY 之後，成為世界超一流企業，目前正以 APPLE 為標竿
並冀圖超越它！三星洞悉結合中國資源與市場的關鍵性，以中國為跳板，
以世界最優企業為終極目標，逐步登上全球之冠！本書詳盡剖析三星蛻變
成為產業巨人的稱王之道，這是台灣每人必讀的經典之作。
—— 陳清文（工研院知識經濟與競爭力研究中心首席研究員）

三星集團是如何成為全球一流企業的？本書深入說明三星的成長、崛起及
歷次的興革，並精闢的分析三星模式——理念、策略及領導風格，非常值
得各界主管、領導人參考。
—— 簡錦漢（中央研究院經濟研究所所長）

【來自全球之企業家與學者的肯定】

如果有人問我「三星電子是怎麼成功的」，那我很有信心，馬上推薦這本
書當答案。宋教授和李教授是研究三星的專家，花費了十年的時間，撰寫
了這本架構完善的作品，解答了「三星競爭力到底是哪裡來的」這個問題。
我雖然已經是三星電子的 CEO，還是屢次因為本書裡面的透徹分析與詳盡
說明而感到驚奇，尤其是最後一章，鋪陳了三星目前的挑戰與未來可採行
的措施。這一章的內容提醒了我，讓我重新考慮三星未來的策略。
—— 權五鉉（三星電子 CEO 暨副總裁）

奇異公司如果要在今日全球化市場裡維持競爭力，就必須師法全世界經營
狀況最佳的其他公司，例如三星。本書內容精闢，解釋了三星成功的法則，
也是追求卓越的經理人或領導人所必讀的書。
—— Jeffrey Immelt（美國奇異公司總裁）

全球都想知道三星為何成功，卻得不到答案，唯有在本書中可見到有關三
星競爭力的深入解析。本書不但對於韓國的企業領導人具有無窮的參考價
值，全球大企業如 IBM 的經理人也不能錯過這本書。每一個想要在國際上
嶄露頭角的韓國企業，都應該好好研讀這本書。
—— 李暉松（IBM 總公司執行副總裁兼成長市場總裁、
前 IBM 韓國分公司總經理）

本書兩位作者不但是韓國的權威企管大師，也是我們浦項鋼鐵的經營顧問，更多次因為耀眼的研究成果而在韓國國內與國際間得到獎項。書中針對三星如何透過矛盾管理哲學而達成今日的國際頂尖地位，提出極具洞察力的解釋。我高度推薦：韓國各大小公司，凡是想要在國際上出人頭地的，不管是 CEO 或小職員，都應該好好閱讀這本書。

——鄭俊陽（浦項鋼鐵公司〔財星五百大企業〕總裁）

三星源自亞洲，今天已是最引人注目、最令競爭者畏懼的全球性企業。本書全面介紹了三星崛起的過程，更重要的是提出了一個「新管理模型」的架構——超越東方與西方文化的矛盾衝突，結合雙邊的精華思想。這本書，真是好看！

—— Yves Doz
（INSEAD 商學院創新科技教授，《Fast Strategy》作者）

三星躍升全球一流企業的過程，已經很多人談過了。不過這本由兩位韓國當代管理大師所撰寫的書，才是第一本全面深入、掌握幕後訊息的著作，告訴我們三星到底是如何成功的。已開發國家的經理人或公司經常面臨三星的競爭，也必須與三星合作；新興市場的管理人則必須努力將自己的公司營運提升到世界等級。對上述這兩個市場的人來說，這本書都是指定必讀。

—— Pankaj Ghemawat（IESE 商學院教授，《World 3.0》作者）

在外人眼中，三星屢次為他們帶來驚訝、畏懼和崇拜。本書兩位作者投入了難以數計的精神，為大家解開三星成功之謎。無論是當今的巨大企業，或是新興市場的明日之星，都應該參考這本書。

—— Tarun Khanna
（哈佛商學院教授，《Winning in Emerging Markets》作者）

這本書是給圈內人看的第一手資料：原本落後的新興市場經濟，如何躍升成為全球不能忽視的龐大勢力。全書資料豐富，讀來容易，讓你瞭解「創新管理」的真正意義。

—— Rita McGrath（哥倫比亞大學商學院教授，
《The End of Competitive Advantage》作者）

三星模式
THE SAMSUNG WAY

作者　　　宋在鎔・李京默
譯者　　　李修瑩
責任編輯　蔡曉玲
行銷企畫　顏妙純
封面設計　陳文德
內頁設計　張凱揚

發行人　　王榮文
出版發行　遠流出版事業股份有限公司
地址　　　臺北市南昌路 2 段 81 號 6 樓
客服電話　02-2392-6899
傳真　　　02-2392-6658
郵撥　　　0189456-1
著作權顧問　蕭雄淋律師
法律顧問　　董安丹律師

2014 年 11 月 01 日 初版一刷
行政院新聞局版台業字號第 1295 號
定價 新台幣 320 元（如有缺頁或破損，請寄回更換）
有著作權 ・ 侵害必究 Printed in Taiwan
ISBN 978-957-32-7508-4
遠流博識網 http://www.ylib.com E-mail: ylib@ylib.com

國家圖書館出版品預行編目 (CIP) 資料

三星模式 / 宋在鎔, 李京默著 ; 李修瑩譯 .-- 初版 .-- 臺北市 : 遠流, 2014.11
　面 ;　公分
ISBN 978-957-32-7508-4(平裝)

1. 企業管理

494   103019803

只要填寫回函，並剪下回函寄回遠流出版公司，就有機會抽中以下由三星提供的限量贈品！

Samsung Galaxy Note 4 32G

（全新 Note 系列智慧手機，2 只）
市價：新台幣 24,900 元

Samsung Gear Fit

（智慧型穿戴裝置，2 只）
市價：新台幣 5,990 元

Samsung NX mini 9mm
超廣角定焦鏡頭組

（輕薄無反光鏡可交換式鏡頭數位相機，1 只）
市價：新台幣 12,490 元

Samsung Galaxy Tab S 8.4 Wi-Fi

（平板，1 只）
市價：新台幣 12,900 元

活動辦法：
只要填寫回函，並剪下回函寄回「台北市 100 南昌路 2 段 81 號 4 樓 遠流出版三部
收」，就有機會抽中以上由台灣三星提供的限量贈品。即日起至 2015 年 1 月 30 日
前寄回（郵戳為憑），2015 年 2 月 10 日於「閱讀再進化」公布得獎名單！
領獎辦法：
＊參加抽獎視同同意領獎辦法。領獎辦法係滿足國稅局相關規定，中獎人請體諒並
　勿與本公司爭執。
＊獲得贈品之中獎人，需於上班時間攜帶身分證親赴本公司填寫收據後領取贈品。
　公布得獎名單 3 個月後未親領者視同放棄贈品。
備註：
＊本活動贈品不得要求變換現金或是轉換其他贈品，亦不得轉讓獎品與他人。
＊贈品請以實際物品為準且不得挑選顏色。

■您是從何種方式得知《三星模式》出版訊息？（單選）
　　□遠流網站　□書店　　□報紙　　□電視　　□網路　　□廣播
　　□親友　　　□雜誌

■您是以何種方式購買《三星模式》？（單選）
　　□遠流網站　□連鎖書店　□傳統書店　□網路　　□其他

■您購買《三星模式》的主要原因是？（單選）
　　□工作生活上需求　□主題吸引人　□他人推薦　　□封面吸引人
　　□偏好此出版社　　□偏好此作者　□偏好此類書籍　□價格優惠吸引人

■您閱讀《三星模式》後對三星品牌或產品的看法是否有提升好感度？（單選）
　　□完全沒有　　□無太大差異　　□些微提升　　□大幅改觀

■您看完《三星模式》後的對三星品牌的感想與建議（最多 100 字）

■Email：
　請您填寫最穩定常用的 E-MAIL 信箱，儘量避免不穩定的免費 E-MAIL，否則您
　有可能會收不到中獎通知。

■姓　　名：　　　　　　　　　請務必確實填寫您的中文姓名。

■性　　別：　男　　　女

■生　　日：　年　　月　　日

■電　　話：　　　　　　　　　請填寫得獎人電話，信件上將註明該得獎人電話
　　　　　　　　　　　　　　　（電話與手機為必填欄位，可擇一填寫。）

■手　　機：　　　　　　　　　請填寫得獎人電話，信件上將註明該得獎人電話
　　　　　　　　　　　　　　　（電話與手機為必填欄位，可擇一填寫。）

■地　　址：
　請填寫您的得獎人地址，中獎後我們會將獎品送至該地址。
■學　歷：□高中以下　　□高中 / 高職　　□專科 / 大學　□碩士　□博士

■您個人有使用的三星的產品嗎？
　　□是　　　　□否（勾選否的可略過下一題）
■您有使用過哪些的三星的產品嗎？（複選）：（若可清楚填寫產品型號最佳！）
　　□智慧型手機　□平板裝置　□智慧型穿戴裝置　　□筆記型電腦
　　□冰箱　　　　□洗衣機　　□音響設備　□電視　□相機

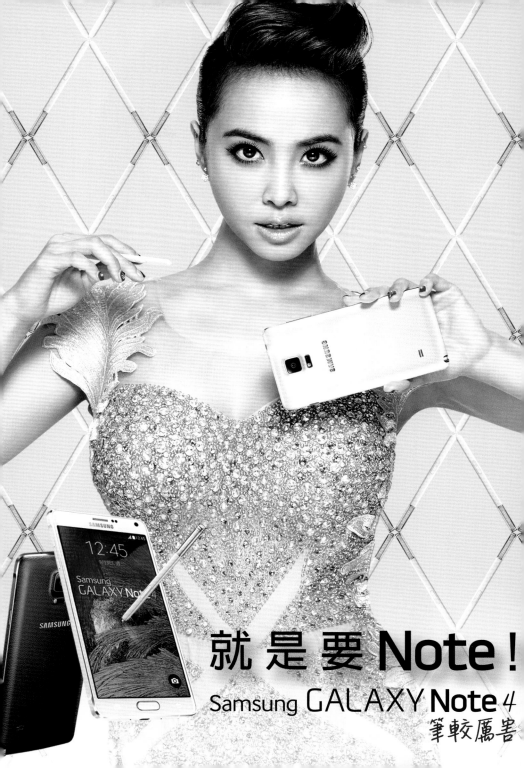

Samsung

Gear S

我的智慧穿戴時尚

＊Gear S 供貨時間依各通路公告為準。